聯想無限

汪　洋、康毅仁◎著

匡邦文化

聯想爲什麼

柳傳志

十年前，我第一次到紐約，在一家百貨公司，看到賣鞋的架子上擺著美國、義大利的名牌皮鞋，價格高達一百～二百美元一雙。而中國製造的布鞋卻堆在一個籮筐裡，一雙只有一塊錢。

今天，在被人們公認為是高科技領域的ＰＣ電腦產品中，大概每十五台機器中就有一台機器用的是我們聯想集團生產的ＱＤＩ品牌板卡，我為我們的公司自豪，它為中華民族在世界上爭取一席之地貢獻了力量。

一九八四年，我在創辦公司以前，是中國科學院計算技術研究所的工程師，每月工資七十八元，生活相當緊張。而今天我是聯想集團的董事局主席，我們的集團是一個在電腦行業裡運作的公司，去年的營業額六・五億美元。在全世界我們有二十一間分公司，分佈在美國、歐洲、東南亞和新加坡。在廣東省，我們有一間二千多名工人的工廠，同時還有七、八間工廠為我們做加工。在中國官方評出的「全國高新技術百強企業」中我們排名第二。

我的公司和外國的大企業相比只是中等規模，但是十年前我創辦這間公司的時候，只有國家二十萬元人民幣的投資，十一個人、兩間平房的規模。這樣看來，我們有了長足的進步。

在企業很小的時候不可能制定較長期的戰略目標，因為任何外界因素的變化都會影響它的發展。而當其發展到一定規模的時候，就一定要有自己的戰略，而這種戰略往往是系統設計，所以這要有實現它的具體步驟。

聯想集團發展得比較快的重要原因，應該就是成功地制定戰略，並實現了戰略要求。我們制定戰略時有明確的指導思想，就是努力發揮自己的優勢，或創造優勢，揚長避短。下面我舉幾個例子，說明我們是如何制定戰略和分步執行的。

因為我們的目標是要辦一個有規模的、長久的、高技術公司，所以必須有自己的產品。早在一九八六年，公司剛剛開辦，我們推出了第一代產品─聯想式中文卡，PC機有了它就有了用漢字工作的能力。在當時有能力研製這種漢字系統的單位，只有研究所（外國的公司當時還沒有注意到中國，沒有做漢字系統）。而研究所一般很注意研究成果的水平，沒有能力組織人去把成果商品化。而我們注意到了這一點，我們的公司雖然很小。但有專人採購、生產、銷售和服務，於是我們就根據市場需要，不斷改進產品的型號，很短的時間就推出了三個版本。我們的聯想中文卡很快成了中國的主流產品，由於銷量最大，得到了中國政府頒佈的科技進步一等獎。

在銷售中文卡產品成功的例子上，我們的優勢在於一般公司只有銷售、貿易的能力、無能力開發產品；而研究所則只注意成果，不注意找市場、做宣傳和根據市場的需要去改進產品。所以我們成功了。

之後，我們立刻就產生了一個大的優勢，當一九八六、一九八七年在中國已經產生了一批買賣PC XT的公司。我們把自己的中文卡插在上面銷售，就成了有中文能力的電腦。

當時雖然台灣有中文卡進入中國，但中國大陸不習慣他們的倉頡輸入方式，所以我們的產品賣得很好。公司的營業額由一九八五年的三百萬到一九八六年的一千七百萬，到了一九八七年底就成長了八千三百萬，一九八八年一・二億。我們利用這個優勢建立了自己銷售的渠道，建立了自己固定的用戶。

在銷售外國機器很好的情況下，我們當然想利用自身條件研製開發自己的PC產品，這樣利潤也會高。但是當時的中國是完全的計劃經濟，國家嚴格控制不讓我們這樣屬於計畫外的公司生產自己的品牌，即使我們根本不要國家的投資也不行。在今天看來，完全的計劃經濟實在是壓制生產力的發展，當時卻是天經地義的東西，我們無法繞開。

為了實現研製、生產自己品牌的願望，我們制定了一套海外發展戰略：中國不能允許生產，我們就打到海外去。這套戰略取得了成功。這是外向型和產業化兩步併作一步走的戰略。以前我們是在國內做貿易的公司，現在要邁出中國，而且要搞產業。

我們的計畫稱為海外發展三部曲：第一步，先在海外建立一個貿易型的公司，用以積累資金瞭解市場，並尋求開發的突破口。第二步，建立一個集研究、生產和銷售的技、工、貿一體的跨國公司。第三步是把它規模化。

於是在一九八八年，我和香港的兩家合作者開辦了香港聯想電腦公司，一家出資三十萬，共股份九十萬港幣，我們開始了三部曲的第一步，即辦一個貿易型的公司。在一九八八年六月二十三日開業的時候，我在記者會上對記者講，我們這個公司第一年的營業額要做到一億港幣。與會的記者都不相信，認為一共九十萬的股本，又沒有任何基礎，要做到一億港幣的營業額是在吹牛。

但一年之後，我們又開記者會宣佈已達成了一億二千萬港幣的營業額。引起了與會者的極大關注，我告訴他們，我們的作法叫「瞎子背瘸子」的優勢互補策略。三家合作者中互有所長、各有弱點。比如我所在的北京聯想有銷售ＰＣ的中國國內的銷售渠道，但我們不瞭解好的進貨貨源，外國的大公司也不信任我們，但這正好是我們的香港合作者DAW公司的長處，他們對香港和海外情況比較熟悉。我們雙方都沒有錢，於是又找了一家有中資背景的公司做貸款擔保。三家互有短長，但揚其長、避其短，就形成了優勢互補。

有人問我，在香港具有不同優勢的公司多的是，為什麼他們就不能合作成功呢？我的回答是只有合作者精誠團結才可能發揮優勢，否則就掩蓋住了一切優勢。而能精誠團結的最主要條件，就是合作者要懂得算大帳，不算小帳，在小帳上互相遷讓，不要計較。我和我的合作者正是這樣做的。所以我們的海外三部曲第一步取得了非常的成功。

在一九八九年底，我們開始了第二步辦「技、工、貿」一體的產業。這一步就困難多了，用了四年多的時間。到一九九四年二月香港聯想股票上市，算第二步成功結束。我們在全世界設立了二十一個分公司，在中國設立了大工廠，在美國矽谷和中國深圳成立研究中心，成了一個有規模的高技術公司。

這其中我們走過了非常艱苦的道路，經過大風大浪（今天一直在大風大浪中）嘗盡了酸甜苦辣。由於時間的關係，我無法向大家介紹我們走過的道路，但我要說明我們緊緊地把握住了製造優勢和發揮優勢的原則，作為制定戰略的指導思想。

比如把國內高水準的技術人才送到美國和香港建立技術中心，這和台灣和香港公司相比，科技人員穩定得多，不會頻繁跳槽；在國內設廠，成本低得多；在香港採用海外的方式管理全世界的分公司而不用國內的辦法。我們儘量把最有優勢的東西組合起來。

我們在海外銷售的策略叫「茅台酒的質量、二鍋頭的價格」，用這樣的方式打開市場缺口。之所以能這樣做是因為我們用國內貿易賺來的錢支持了海外市場的開拓。當海外銷售渠道打開後，我們就開始擴大工廠。就這樣，在沒有優勢時去創造優勢，然後發揮優勢，使聯想公司由十年前一個小的公司發展到今天的規模。

在我管理企業的過程中，我體會到制定戰略、執行戰略，既是科學，又是藝術。制定戰略、執行戰略要全面考察客觀的情況、市場的變化、競爭對手的情況，又要充分瞭解自己內部的情況，信貸、開發、生產、銷售的能力，以至公司的企業文化、員工的精神面貌，把這些東西融在一起。考慮如何制定和執行戰略，很像指揮一個龐大的交響樂團，指揮得好，才能使樂章充滿感情，從這個角度說管理是藝術。

但在這個交響樂團中的每一把小提琴、每一把小號都必須嚴格地照樂譜演奏，絲毫不能出錯，從這個角度講管理是科學。

Contents

Contents

Contents

緒論

「中國IT教父」

「扛起民族計算機工業的大旗」不是意氣用事，像義和團那樣的義氣在今天已經沒有用，一個國家有了經濟實力才能有尊嚴。

——柳傳志

從導演到製片

聯想有一句家喻户曉的廣告詞叫「聯想爲什麼」，那麼創造了中國企業發展史奇蹟的柳傳志，又爲什麼成爲一個中國產業界、財經界幾乎人人都想破解的謎。

有人說，如果將中國矽谷——中關村視爲電影庫，那麼聯想應該是這個電影庫中最長盛不衰、票房記錄最好的一部戲。與村內諸多上演過眼雲煙般創業插曲的民營企業相比，聯想已成了這個時代不可或缺和替代的一個符號，而曾經導演過這場精彩電影如今退居二線擔任製片的，正是這個電影時代的教父級人物——柳傳志。

形容自己「上進心很強，不達目的誓不甘休」的柳傳志，十八年前手中只有二十萬元人民幣，帶著十一個人創辦聯想，如今，聯想集團員工超過八千人，年營業額達三十四億美元（約二百七十億港幣），電腦銷售量突破二百六十萬台，成爲中國第一大電腦公司，市場佔有率高達三成，領先第二名將近兩倍（全球最大PC廠商戴爾在中國的市場佔有率僅四．六%），連續三年的利潤率維持在十%～十五%以上。

根據二〇〇一年實現營業收入排定的二〇〇二年第十六屆中國電子資訊百強企業，經過嚴格審核後，在二〇〇二年四月十九日正式揭曉。中國普天資訊產業集團公司以實現年營業收入六百四十二億元人民幣第二次蟬聯百強之首，海爾集團公司和聯想控股有限公司分列第

二、第三名。這一百強企業中前十名名次如下：

一、中國普天資訊產業集團公司
二、海爾集團公司
三、聯想控股有限公司
四、上海廣電（集團）有限公司
五、熊貓電子集團有限公司
六、TCL集團有限公司
七、華爲技術有限公司
八、海信集團有限公司
九、上海貝爾有限公司
十、北京北大方正集團公司

二〇〇二年《亞洲財經》（Finance Asia）雜誌評選年度中國最佳企業，聯想在六項評比中獲得五個第一，分別是最佳管理企業、最注重公司治理、最佳投資者關係、最注重提升股東價值和最佳財務總監，代表了資本市場對聯想的高度評價。而柳傳志本人也先後被美國《財富》雜誌評爲一九九九年亞洲最佳商界風雲人物，並被美國《商業週刊》評爲二〇〇〇年亞洲年度之星，二〇〇一年被評爲「全球二十五位最有影響力的商界領袖」。被稱爲中國「IT教父」的柳傳志是一個創業的傳奇。這個傳奇的意義不僅僅在於他領導聯想由十一個人、二十萬元資金的中關村小公司，用十八年的時間成長爲中國最大、在國際市場上有重要影響的電腦公司。更重要的是，他的傳奇故事對許多立志創業的青年人來說，是一種激勵，這個傳奇讓每一個在中關村創業的青年都懷抱希望——創造像柳傳志那樣的傳奇。

聯想有一句家喻戶曉的廣告詞叫「聯想爲什麼」，那麼創造了中國企業發展史奇蹟的柳傳志，又爲什麼成爲一個中國產業界、財經界幾乎人人都想破解的謎。

扛起民族計算機工業大旗

聯想已經成爲中國ＩＴ業的一面大旗。成爲ＩＢＭ、戴爾等跨國公司不可輕視的對手。

二〇〇一年，柳傳志跟美國一家風險投資公司接觸，其中一位高層是ＩＢＭ當時全美的第三把交椅。他對柳傳志表示：一九八四年他曾來過中國，他說：「那個時候您大概還沒有資格見到我。」柳傳志盯著他，對他說：「那當然，那當然，肯定是那樣。」柳傳志第一次和ＩＢＭ接觸，是作爲香港一家公司的代表參加ＩＢＭ的代理會，香港那家公司在ＩＢＭ代理商中本來就沒什麼地位，柳傳志又是代表更不被重視。那天，柳傳志特意穿上父親送給他的一套老式西裝，坐在最後一排，沒任何機會說話。

ＩＢＭ比較注重官方的推薦，所以，即便等聯想做到一定程度了，ＩＢＭ依然沒有對聯想「這種企業」予以注意。聯想曾經想與ＩＢＭ做更進一步地合作，ＩＢＭ卻比較希望聯想做代銷。

不光ＩＢＭ這樣，聯想尚未成功以前，其他大企業也一樣，他們都讓柳傳志吃盡排頭，所以，柳傳志現在和小企業見面非常注意自己的態度。「未來這些小企業不知道將有誰是黑馬，即使不是黑馬，對人家尊重點也應該的。」

一九九三年，聯想沒有完成任務，柳傳志親自寫了「扛起民族計算機工業大旗」的戰表，帶著全體成員一起去電子部提交，部長胡啓立會同所有副部長一起出來接見。柳傳志回憶道：「扛起民族計算機工業的大旗」不是意氣用事，像義和團那樣的義氣在今天已經沒有用，一個國家有了經濟實力才能有尊嚴。

二〇〇一年美國《時代》雜誌曾選出全球二十五個最有影響力的商界領袖。共有四位華人名列榜中，其中聯想集團行政總裁柳傳志名列第十四位。據瞭解，柳傳志是入選《時代》雜誌全球商界領袖排行榜中第一位中國企業家。這四個華人分別是：長實集團主席李嘉誠、聯想集團行政總裁柳傳志、台灣積體電路董事長張忠謀和美國雅芳集團首席執行長鍾彬嫻。其中，李嘉誠排位最高，居第九位。

《時代》雜誌指出，「製造電腦並不是柳傳志事業成功的第一步，但這是最令他關注的。他是聯想的行政總裁，是中國最賺錢的個人電腦商。柳傳志指出，這是從ＨＰ及ＩＢＭ

學來的，但目標是要超越它們：今天在中國，明天在世界。」《時代》雜誌二十五大商界領袖榜首爲日產行政總裁Carlos Ghoso，微軟行政總裁比爾蓋茲居次。能和這些全球企業領袖對話的人不多，惟有一九九九年，張瑞敏被美國《商業週刊》評爲「亞洲五十位風雲人物」之一，才可以與之相映成趣。

二〇〇一年八月十三日下午，作爲四十六年來第一個受邀的亞洲企業家，柳傳志在世界管理學界最高學術組織的AOM（國際管理科學學會Academy of Management的縮寫）論壇上，發表了《締造聯想：網路的中堅力量》的演講，把聯想成長的奇蹟分享給六千四百名來自世界各地的管理學教授和管理界人士。

AOM每年邀請一位在管理經驗探索上有重大突破的企業CEO進行演講。柳傳志能受到邀請，與全球持續的中國企業研究熱不無關係。因爲在該論壇四十六年的歷史上，柳傳志是第一個受邀的亞洲企業家，也是第一個登上該講壇的發展中國家的企業家代表。

在柳傳志的邀請函上，國際管理學院副院長西蒙·福雷則教授說：「今年年會確定的主題是『精建網路』。您所取得的成就不僅在中國是個奇蹟，在亞洲乃至全世界都令人嘆服。因此，我非常希望管理學院的成員能有機會聆聽，您是如何在短暫的時間裡，將聯想打造成如此具有震撼力的企業？」

具備全球競爭力的企業領袖

柳傳志的成功之路為不同行業的經營者所羨慕。學習他推動企業前進的技巧和方法，成為中國乃至全球管理者的迫切需要。

基於對加入WTO後中國領先企業競爭力的關注，二〇〇一年《中國企業家》雜誌組織了一百名傳媒、企業、學術和諮詢等四個領域的專家，主辦了一次中國企業領袖全球競爭力評估調查。

對於推選的企業家，入選標準包含四個方面：

- 行業特點：主要是入世後競爭加劇的行業，包括電子資訊、金融保險、房地產、交通運輸、汽車製造等九類行業，同時考慮傳媒等新興行業，並兼顧石油開採等資源壟斷行業。
- 企業特點：所領導企業的市場地位及整體影響力處於行業前列。
- 企業家特點：具有公認而獨特的管理風格和領導魅力。
- 在整體實力的前提下，兼顧企業和企業家的品牌和知名度，以保證為絕大多數評委所知曉。

這次企業家競爭力評估由六項指標組成（括弧中分數為該指標設定權數），企業現狀評估、行業地位（二十%）：所領導的企業在市場份額、產品研發、訂立行業標準等方面的權威和影響力；企業未來前景，技術或服務水準（十五%）；市場影響力（十%）和整合與重組能力（十五%）；企業家特質、前瞻性（二十%）以及資本觀念與運作能力（二十%）。

在這次調查中，柳傳志以四．二四的加權評分名列第二，僅以微弱差距低於海爾CEO張瑞敏（四．二九分）。其中在行業地位和市場影響力的兩個指標中柳傳志佔有絕對第一的地位。此外，除了排在第三的萬科總裁集團王石（四．〇八分）和海南航空集團總裁陳鋒（四．〇六分）之外，其他上榜的十六位企業家的加權評分都沒有超過四分。

面對外資企業的衝擊，聯想成功地由一名學習者成爲行業的領航者，在國際IT市場上也確立了自己的位置，爲中國的民族工業發展樹立了一面旗幟。

第一章 起步創業戰略

一個企業進入一個陌生領域，在制訂戰略時，專業知識並不重要，關鍵在於摸清基本規律。

——柳傳志

借勢「官辦民營」

直到一九八八年，柳傳志仍強調「聯想是官辦公司」，那是一塊「金字招牌」，聯想很了解這個優勢，並遊刃有餘地在政府和市場的雙重力量推動下發展。

聯想集團公司的前身——中國科學院計算技術研究所新技術發展公司，成立於一九八四年十一月一日。當時仍屬中關村一家毫不起眼的新公司，這家新公司的全部家當包括中科院計算所投資二十萬元加上一間二十平方公尺的小平房，以及端著計算所「鐵飯碗」的十一個人。創辦初期，與「兩通兩海」相比，這家公司實在不起眼。柳傳志和另外十個在當時被認爲不安分的知識份子在這裡開始摸索發展之道。

作爲一家國營企業，因爲投資少、規模小，投資者並沒有指望這家小公司能幹出多麼大的事情來。但「國有」這一點，對於這家新誕生的小企業來說，卻是十分重要的。

柳傳志非常清楚地了解，國營企業在很多方面具有的優勢是民營企業無法比擬。正是基於對中國國情的洞燭之見，柳傳志才能發揮自己的優勢、活用政策，把聯想這樣一個名不見經傳的小企業發展成一個舉世矚目的大企業，在某種程度上說，如果沒有了「官辦民營」這塊金字招牌，就不會有今天的聯想。

公司成立早期，柳傳志和創業夥伴們再三權衡，計算所只投資是不夠的，更主要的是應該放權。於是他們向計算所提出要「三權」：第一、人事權。計算所不能往公司塞人；第二、財務權。公司把該交國家的、科學院的、計算所的上繳之後，剩下的資金支配計算所不要管；第三、經營決策權。公司的重大經營決策由自己做主。

在柳傳志的要求下，中科院計算所將三件寶交給公司：第一、下放人事、財務和經營自主權。也就是在機制上保證後來柳傳志所說的「民營」；第二、計算所內上千名科技人員做公司後盾。這一點在當時可能並不覺得有多麼重要，但是，高素質的科技人員，可能是當時計算所新技術發展公司最大的財富，當然這是面雙刃劍，眾所周知，知識份子是有思想愛思考的人，不好管理，用的好可以帶來效益，用的不好也可能帶來內耗。

第三、給一塊「中科院計算所」的金字招牌。這是計算所新技術發展公司重要的無形資產，有了中科院計算所這塊頂尖招牌，對公司發展業務肯定有很強的支持作用。

在當時的市場條件下，國有企業最大的好處是貸款容易、稅收優惠，以及有商業信譽等等。回顧聯想集團的發展歷程，國有優勢的發揮，在聯想發展的關鍵時刻常常功不可沒。柳傳志曾直言不諱地說：「一九八八年我們能到香港發展，『金海王工程』爲什麼去不了？因爲它是私營的，而我們有科學院出來說：『這是我們的公司』。」

香港聯想開業三個月就收回九十萬港幣的資金，第一年營業額高達一億二千四百七十萬港幣，「國有」的優勢再一次得到證明。甚至在企業發展的後期，聯想還繼續享受「國有」

的恩惠，與政府成功地合作、開發並實施了諸多的合作專案。

聚焦IT產業

柳傳志目標是成爲長期且有規模的高科技企業，無論是處於危機發展狀況，還是面對中國房地產業、炒股熱，聯想都心無旁騖，一步一步地逼進目標。

在聯想初創之際，柳傳志與其他創業者對自己能幹什麼、不能幹什麼也不清楚。他們也交過學費，挫折之後才覺得應該弄清楚一些再做。也做過一些短、平、快的項目，儘快累積資金，但由於缺乏經驗，二十萬元的資金不到一個月就被騙去了大半。

後來他們賣過彩電。當時彩電是當紅產品，於是他們幾經周折從電視機廠弄來一批彩電，加價之後再賣出去。因爲不懂計算成本沒有把該繳納的稅金加到售價裡，賣完以後稅務部門上門徵稅，最後一算賬賠了。於是又從鄰近的農村買來一些蘿蔔之類的蔬菜，守在中科院計算所的門口，賣給下班回家的職工，知識份子臉皮薄，做買賣怕被人看見，只在遠處守著。也賣過溜冰鞋和電子錶，就這樣，最後終於把賣彩電的虧損補上。

挫折之後，柳傳志他們冷靜下來，討論自己能幹什麼，應該幹什麼。冷靜下來的聯想人在決定自己該幹什麼時，理所當然地想到了電腦。當時，電腦剛剛進入中國大陸，人們對它還十分陌生，仍處於發達國家向中國進行輸出產品的階段，由於改革開放，中關村林立的電腦公司大多數以貿易爲主，從進口電腦的轉手銷售中謀利。

柳傳志他們認爲，自己是研究電腦的，與純粹民辦的企業相比，擁有官方的背景，背後還有一個代表中國最高水準的中科院電腦技術研究所，他們當然應該做電腦。當時中關村街上的公司大多數靠從國外進口電腦，然後再加價賣出去，一台二八六電腦零售價四萬多元人民幣，可以賺二萬元的利潤。既然瞄準了電腦這一方向，他們就要走下去。雖然沒有錢，但柳傳志有能力帶領聯想走向成功之路。

在結合市場分析自身之後，新技術公司有了自己清晰的思路，他們沒有把主要精力放在買賣電腦上，而這正是當時中國境內眾多的電腦公司所做的，柳傳志說，他們要做別人不想做和不能做的，於是他們選擇了另外一條路——電腦服務。

柳傳志和夥伴們了解到公司的優勢在於自身的技術。剛好這時候中國科學院進口了五百台ＩＢＭ電腦要配給下屬的上百家研究院。王樹和、柳傳志得知之後，柳傳志和現在的常務副總裁李勤天天跑中國科學院。當時的信通公司等也在爭這筆業務，但是，李勤他們只收價格四％的維修服務培訓費，使其他公司覺得沒法做。新技術公司有很多人曾參與過中國大型機械的研製，技術力量很強，加上這些人的努力，一趟一趟地跑，終於感動了中科院，於是把這五百台電腦的驗機、培訓、維修的業務交給了他們。

那兩間簡陋的小平房就這樣迎來了第一樁大生意。五百台電腦把兩間小屋堆滿了，由於場地小排不開，只好騰出一間屋子驗機，其他人都擠在另一間小屋子辦公。這筆業務做得非常不容易，做完之後，扣除三%的成本，只剩下一%的利潤，但是，由於他們服務、培訓等工作做得非常出色，得到了用戶的好評，最後把他們的服務費漲到了七%。於是終於掙到了公司的第一筆巨額利潤——七十萬元。

賺到這筆錢主要靠的是技術、驗機、培訓、維修機器等主要服務內容。這種方式的好處是不需要很多投資，他們出賣的技術是國家幾十年投在他們身上的成本，不需付費，這可能是新技術公司累積資金的最好方式。第一桶金的掘得，是因爲發揮了新技術公司的長處，利用自身的知識和技術，加上靠著中科院這個背景，這兩點優勢在中科院計算所新技術發展公司的創業過程中，起了重要的作用。

「技、工、貿」一體化

柳傳志採取「技、工、貿」一體化策略，除爲下一階段的戰略籌集了資金，更爲聯想準備了技術服務的經驗、初步的信譽以及公司內部的組織運作與協調等幾種「看不見的資產」。

在柳傳志和聯想創業者們艱難尋找公司發展的道路，苦苦觀察和思考解決公司的瓶頸在哪裡時，他們還共同演出一場被當時人傳爲佳話的「三顧茅廬」。

剛剛辭去加拿大國家研究院被延攬回國講學的計算所研究員倪光南，當時已經是第一流電腦專家，時年四十五歲，是所裡最出色的研究員之一，也是最年輕的研究員，計算所可以說無人不知其人其事。

倪光南早在一九七四年就已經開始做中文資訊處理技術，並且已經有了成果，可是卻一直不能轉化成生產力，他迫切想看到自己的技術能轉化爲產品，能爲中國的國民經濟建設做出貢獻。倪光南在中科院和電子街呼聲甚高，許多知名公司高薪相聘均被謝絕，他肯來這剛剛起步且默默無名的計算所新技術公司嗎？

於是柳傳志專程誠懇邀請倪光南。恰好倪光南是一位具有強烈的改革意識和市場觀念的科學家，當時他剛好也渴望將自己的成果轉化爲生產力。相近的背景，相似的價值觀，共同的願望，使雙方有了良好溝通的基礎。

柳傳志答應倪光南「一不做官，二不接待記者，三不出席宴會」的三個要求後，倪光南就這樣出任了新技術公司的總工程師。事實證明了柳傳志這一決策的英明，早期的聯想，人們出口必稱「倪、柳」，即使後來發生「倪柳恩怨」，但也不能否認倪光南在聯想具有舉足輕重的作用。

倪光南加入之後的三年內，以倪光南爲主連續研製出八種型號的「聯想中文卡」，更新了三個版本，形成了一套功能齊全的「聯想式漢字系統」。由此，計算所新技術發展公司走上了「技、工、貿」的發展之路。同時，計算所新技術公司在創業的艱難歷程中，終於尋到了屬於自己，能夠發揮自己優勢，充份利用中科院的資源，發揮技術優勢的初創之路。

一九八六年開始，聯想公司在開發聯想中文卡過程中，不斷地開發完善，形成了八個軟體版本，六個型號的聯想漢字系統，廣泛應用於六個大的領域。而後，聯想又連續開發出FAX通訊傳眞系統、CAD超級漢字系統、GK40可編程工業控制器、聯想二八六微機等拳頭產品，及一系列有重大社會經濟效益的高技術產品。並以產品爲龍頭帶動整個經銷，使公司步入流通領域。

從此，企業調整運轉起來。包括公司成立了業務部，擴大新舊門市，拓寬了進貨渠道，開始學會使用貸款，並明確提出搶佔市場份額的口號。經過第一階段的市場成功，聯想實現了科研型隊伍向經營型隊伍的轉變，對企業的組織開發、籌集資金、生產、銷售等企業運作都有了一定的駕馭能力，從而爲企業向產業化邁進奠定了基礎。

在今天看來，柳傳志在起步階段採取「技、工、貿」一體化策略，雖然利用高技術服務累積資金的速度較慢，但是實際上這是一條具有長遠意義的資金累積道路，聯想這一階段不僅僅是爲下一階段的戰略準備了資金資源，更重要的是這一條道路還爲聯想準備了技術服務的經驗、初步的信譽以及公司內部的組織運作與協調等幾種「看不見的資產」。

假設聯想的選擇是用「倒買倒賣」累積資金，並假設這一條路可以較快的速度累積大量資金的話，就像當時許多中關村企業所做的那樣，也許上述幾種「無形的資產」就不會同時獲得，但這幾種無形的資源正是下一階段生產和銷售中文卡所迫切需要的。

做百年老字號

柳傳志「做百年老字號」的理想，牽引著聯想的發展戰略，規劃著聯想的每一個發展步驟。沒有這種做百年老字號的抱負和立意高遠、戰略遠大的思路，很難立大志，成大器。

在聯想的發展歷程中，它邁出的每一步，都是長遠目標的一個環節，求長遠、求發展、做百年老字號才是聯想的發展目標，正如柳傳志所說：「聯想追求營業額絕不是爲了虛名，如果那樣企業離垮台就不遠了。規模必須是能力的表現，尤其是制定戰略的能力，它能夠安然地從夕陽業務中退出，堅決地進入到新興業務之中，這樣的規模才有意義，而聯想的一百億美元就標誌著這樣的能力。」

當柳傳志他們用自己辛勤的汗水掙來七十萬元時，這個群體與眾不同的素質便初見端倪。他們本來可以把這筆屬於自己勞動所得的錢，用以改善長年拮据的工作和生活條件，但是這一群有思想的知識份子，走出舊體制，懷著理想和遠大的抱負，他們幾乎沒有什麼猶豫和爭執，就下決心把這七十萬元全部作爲創業資金，投入企業的再生產中。

柳傳志強調「立意高，才可能制定出戰略，才可能一步步地按照你的立意去做。立意低，只能蒙著做，做到什麼樣子是什麼樣子，做公司等於撞大運」。柳傳志之所以強調立意，是因爲他明白，公司發展進程中，追求的目標不鬆懈，才能激勵自己不斷前進；其次，如果立意不高，就不能不停地提出新的、更高的目標，那麼，稍有成功就會輕易滿足；第三，立意高了，自然會明白最終目的是什麼，不會急功近利，不在乎個人眼前得失。

總結聯想的成功之道，有兩點原因不可忽視：

一是方向問題。剛開始辦企業，或是出於溫飽，或是出於自身價值的體現，沒有很高的立意。如果不是科學院告誡說：「這就是科技改革，這會爲社會發展起重要作用，爲國家科技體制改革指明方向。」聯想可能堅持不下來，也發展不到今天的規模。

二是環境問題。院所雖然沒有提供企業很多的資金，但給企業提供了一個非常寬鬆的環境，給了企業管理者人事權、財務權、經營決策權、「國有民營」的體制，還給了責、權、利明確的環境。

沒有這種做百年老字號的抱負和立意高遠、戰略遠大的思路，很難立大志、成大器。聯想人的雄心大志不只是理論空殼，而是他們一步步向前躍進的精神動力。在企業日後的發展中，柳傳志這種立意高遠的戰略眼光又多次表現出來，如海外計畫的大膽運作、高瞻遠矚的人才戰略以及進軍網際網路戰略等等。

「搶棒子」戰略

改革開放後的中國市場是一個重新瓜分的市場，誰搶上就是誰的。在群雄逐鹿中，中國企業必須加大力度去搶，否則就會坐以待斃，電腦業的狀況就是這樣。

市場是商家必爭之地。佔有市場，就意味著成功；沒有佔領強大市場的欲望，一個企業就會失去拼爭的動力。柳傳志非常善於在市場問題上動腦筋，他不僅想到了，而且也做到了。這就是著名的「搶棒子」戰略。

用「搶棒子」這樣的比喻去說明市場擴張和資本累積，柳傳志眞是獨具匠心。「棒子」是中國北方人對玉米的叫法，柳傳志用了「搶」這個字眼而沒使用「收割」，因爲市場猶如是一塊廣大的荒野地，地裡的莊稼誰有本事搶回家就是誰的。

一九八八年以前，聯想的「搶棒子」大多表現在資本累積方面，說白了就是搶利潤。這是他們的首要任務，因爲他們太窮。那時，聯想的純利達到二成以上，這一方面說明當時中國電腦市場既幼稚又誘人，另一方面說明聯想人「搶棒子」搶得頗有成效。

在這個時期，聯想在投資方面屬於謹慎加謹慎，即使是進貨也採用多批次、少批量，資金快速投放、快速回籠，也就是所謂的「平底快船」。聯想在這以前沒有花一分錢買不動產，甚至也沒有買一台生產製造性的設備。營業中心、辦公室都是租的，產品是委託其他企業生產的，所有的資本都在貨物流轉上。

聯想人在一九八八年以前拼命累積資本，以至於到年終總結時，除成績之外，往往發現由於全力以赴搶棒子，一些企業該有的管理制度和措施他們無法顧及。聯想在這之前的全部利潤來源就是聯想中文卡和相關的電腦產品。

柳傳志在這個時期的市場策略，主要是做了幾件事。第一件事是證明聯想中文卡是好產品。第二件事是宣傳聯想中文卡是好產品。第三件事是讓更多的人都來買聯想中文卡。

自始至今，柳傳志一直帶領聯想在搶棒子，對於一個面對激烈競爭的後起企業，這是必須的，改革開放後的中國市場是一個重新瓜分的市場，誰搶上就是誰的。在群雄逐鹿中，企業必須加大力度去搶，否則就會坐以待斃。

跟蹤強者步伐

浮躁是中國企業家的大敵，不顧自身的實力，盲目判定一些不切實際的決策，往往導致中國企業的失敗。而聯想採取「步步逼近」戰略，也就是「有多大能耐，幹多大事」，在穩健中取勝。

二十世紀八〇年代中期，由於中國長期封閉國門，對於全球的高科技發展，國人還是所知甚少。作爲一個高科技企業若要獲得巨大的發展，就必須跟上世界潮流。但在這一點上，中國與世界其他發達國家相比，以個人電腦爲例，落後的差距在當時至少有十年。

柳傳志對資訊產業的發展現狀及未來趨勢作了冷靜且客觀的分析：當今的資訊產業莊家是美國，電腦軟硬體的核心技術掌握在少數美國廠商手中，週邊關鍵技術則由德國、日本和台灣所掌握，中國的電腦產業要在短時間內趕上幾乎是不可能的。在這種情況下，中國的電腦企業只有順應這一發展潮流才能生存。

基於這樣的認識，柳傳志審時度勢，明確了「先看別人怎樣做，然後自己學著做」的企業發展策略。也就是跟蹤世界電腦產業發展的最新技術，透過與國際大公司合作，在跟蹤的過程中學習和掌握先進的技術和管理，實現「跟蹤——掌握——超越」的目標。柳傳志經過無情的商戰洗禮後，深刻地了解到企業不僅是一個生產組織，還是一個經營組織。市場需求是企業發展的根本。企業只有不斷發現並滿足市場需求，市場才會滿足企業盈利和發展的要求。反之，企業就會被市場遺棄。

藉由代理掌握業界脈動

一九八七年，中國電腦市場只有爲數不多的美國品牌電腦，以及技術性能相對落後的國產電腦。已經解決中文化問題而獲得巨大發展的聯想集團，此時面臨了三種選擇。

一、繼續進行單一聯想中文卡的推廣銷售。這顯然是一種不思進取的選擇，因爲中文卡市場畢竟有限。

二、以中文卡為龍頭，研製開發自己的電腦，以中文卡帶動電腦銷售。從當時看來的確是有利可圖的選擇，但也面臨著幾個問題：第一、企業實力不夠，開發自製電腦需要有資金投入，公司當時難以承擔；第二、對世界電腦技術發展不熟悉，即便生產出自己的電腦，從長遠看可能會因為先天不足而沒有太大的發展前途；第三、由於聯想是一家計畫外的企業，當時的國家政策也難以支持。

三、結合中國國情，選擇一種質量性能價格比較合適的外國電腦，以中文卡帶動電腦銷售並使之成為中國的主導型電腦。其優點在於：第一，投資少，利於累積資金；第二，便於瞭解世界電腦的先進技術，累積市場經驗；第三，便於建立自己的全國銷售網路。

最後，柳傳志選擇了第三種方式，與美國AST公司形成戰略夥伴關係。聯想一九八七年開始代理美國AST（虹志）電腦，AST電腦公司原本不是一個實力很強的企業，但一九八七年與聯想合作後，市場份額在中國市場連續幾年居第一位，世界排名也升至第九位。透過代理，聯想不但跟蹤且掌握了業界最新技術，也學習了國外企業先進的管理經驗。

聯想集團在代理過程中逐漸瞭解了規模生產和營銷的組織、管理，鍛鍊和培養了自己的隊伍。對聯想來說，代理業務在其發展史上是功不可沒。可以說，如果沒有柳傳志的市場跟蹤策略，沒有代理業務，就沒有今天的聯想電腦，更沒有出色的聯想管理和成功的渠道管理。

資訊產業的發展特點是技術更新特別快，今天不知道明天會發生什麼事情。正是資訊產業的這一特點，使得柳傳志的危機意識特別強烈，他總是擔心在下一次洗牌後，能否跟上資訊產業發展的步伐和繼續坐上中國電腦行業的第一把交椅。

爲了不至於脫隊，柳傳志的策略是：第一步，透過代理將世界眞正優秀的產品引進來；第二步，在適當時候把生產線引進來，實現生產環節本地化；第三步，進一步實現技術轉移，大大縮短與代理產品的技術差距，實現相關技術的本地化。

代理業務不但發展了聯想自己，也爲中國整個電腦產業做出了貢獻。第一，聯想和中國其他電腦企業一道奮起直追，使中國電腦應用水平眞正實現了與世界同步；第二，促進了中國代理行業的發展。聯想是最早將代理制引入中國的企業之一，也是最早透過簽訂代理協定規範代理商行爲的企業。

有多大能耐，幹多大事

浮躁是中國企業家的大敵，不顧自身的實力，盲目判定一些不切實際的決策，往往導致企業的失敗。例如三株、飛龍等的盲目擴張，而在這方面，柳傳志「穩健取勝」的策略則廣爲人稱道。柳傳志一直強調，一個企業要能明白自己能做些什麼，什麼不能做，這說起來容易，做起來難。

由此，我們了解到聯想在中國市場的成功，首先來自其有力的渠道建設和管理。渠道建設可以說是柳傳志的傑作。聯想作爲外國產品進入中國市場的最佳銷售平台，除了發達的營銷渠道外，還擁有極強的市場策劃和推廣能力，而這一切都離不開柳傳志的市場跟蹤策略。在以後的發展中，這種策略又多次被運用，事實證明，這種思路是務實的，也符合國情。跟蹤是爲了掌握，爲了超越，對於聯想來說，跟蹤模仿十分實用但只是權宜之計，不能超越對手，沒有自己的絕活，終會受制於人。

在一個空間多、機會大的轉型市場上，企業家們習慣了靠投機取巧而一夜暴富的思維，因此在戰略危機的時刻，相映成趣的策劃業出奇火爆也不足爲奇。但如今，隨著一些策劃老手的紛紛落馬，聯想集團等一批戰略型企業異軍突起，那些無戰略的企業家們是應該審視一下自己的「戰略意識」了。

聯想的「步步逼近」戰略，根據柳傳志的解釋就是「有多大能耐，幹多大事」。「步步逼近」實質上就是一個條件的營造過程，是一個優勢培養逼近目標的過程。聯想的起點很低，低到什麼程度？譬如說現在人常稱電腦業是「沒有國境線」的競爭。這一點聯想人在一九八八年就知道了。擺在聯想面前有兩個問題：一是在海外市場跟世界一流企業同台競爭；二是在中國市場與本地企業競爭。想成功就必須搞清楚人家是怎麼回事，競爭是怎麼回事。知己知彼百戰百勝。聯想在美國矽谷設立研究中心，在十幾個國家設立子公司，然後把國內的人才一批批送出去，在海外搞科研、做銷售。剛開始是香港人管香港公司，大陸人跟著學習。然後是香港人去管美國公司，大陸人管香港公司，層層見習逐步遞進。當聯想人能夠達到接近國際市場的要求，聯想就買進一家外國公司或者招聘一批外國人，和土生土長的中國人共同工作。

柳傳志認爲，純粹地學習經營管理技巧並非難事，難的是東西方文化的融通。柳傳志鼓勵他的部下向國外先進企業學習，學習他們的管理，學習他們怎麼做生意，包括學習人家的社交禮儀。一旦有人在這方面做得很好，他便會大加誇獎。實際情況是聯想從與之合作的IBM、HP、AST等著名公司那裡，學到了很多東西。柳傳志反對排斥、主張融通、鼓勵競爭、也提倡合作。這種虛心的態度推動了聯想的發展。

「步步逼近」不僅僅是產品的問題，還包括市場、財力、人才以及文化的問題。目前聯想在世界各地已有幾十名能夠適應環境的中國人才，有上百名已融入聯想文化又能接受西方文化的香港人，以他們爲基石，聯想已經形成了一支上千人的海外隊伍。這是聯想「步步逼近」的結果。中國大門敞開了，即便業務全部在國內，也必須以一種國際人的眼光和心態來對待自己的戰略。

由零起步的聯想人也沒打算「一口吃成個胖子」，他們要像給桌子擰螺絲釘一樣，在每個角都擰上點，轉著圈兒地把產品、市場、資金、人才都同步擰上去，按他們的「步步逼近」、「有多大能耐幹多大事」。

柳氏創業哲學

一個大的企業一定要有自己管理方面的一個提法。在管理上一定要有一套統一的理念。

在中國企業發展史上，柳傳志領導的聯想有著獨特的創業經歷。在創業經歷中，柳傳志形成了獨特的「柳傳志創業哲學」，他把這些創業哲學歸納為：

一、謀與行

柳傳志常把制定戰略比喻為找路。當前面是草地、泥沼和道路混成一片無法區分的時候，聯想都會反反覆覆細心觀察，然後小心翼翼地、輕手輕腳地去踩、去試。當踩過三步、五步、十步、二十步，證實了腳下踩的確實是堅實的黃土路時，則毫不猶豫、立即向前跑去。去觀察、去踩、去試的過程是謹慎地制定戰略的過程，而立即向前跑去，則是堅決執行的過程。

二、整體與局部

研究行業發展規律是制定企業發展戰略的基礎。但根據這個就能制定戰略了嗎？肯定不夠。譬如作戰，要讓戰士知道為什麼打仗，然後要去練習投彈、射擊、爆破的技術。只有這樣才能保證每個具體戰役的勝利。對企業也是一樣，如何形成正確的產權關係？如何設置組織架構？如何制定規章制度並保證實施？如何激勵考評？如何形成企業文化？如何培養人才、吸引人才？這些應該屬於企業管理規律的範疇。

三、雞與蛋

對於企業的發展來講，周邊的環境也極重要。譬如一個雞蛋孵出小雞，三十七度半到三十九度的溫度最爲適合。那麼，四十度或四十一度的時候，雞蛋是不是能孵出小雞來呢？生命力強的雞蛋還是可能孵出小雞來，但到了一百度一定是不行了。

對中國企業來講，一九七八年以前可能是一百度的溫度，什麼雞蛋也孵不出雞來。而十一屆三中全會以後，可能就是四十五度的溫度，生命力極強的雞蛋才能孵出來。到一九八四年創辦聯想的時候，大概就是四十二度的溫度。今天的溫度大概是四十度左右，也不是最好的溫度。因此，生命力頑強的雞蛋就要研究周邊的環境，一方面促使環境更適合，一方面加強自己的生命力以便能頑強地孵出小雞來。

四、船、橋與河

先把經營管理的規則弄清楚，然後累積資金，一步一步往前做，不要忙於受某些壓力。過河目標確定是容易的，難的是解決船和橋的問題。船和橋的問題沒解決以前，你硬要過河，就會淹死，所以還是要根據自己的情況來定戰略。

五、「1」和「0」

企業中的一把手就像阿拉伯數字的1，後邊的人就是0，有一個0就變成10，兩個0就是100，三個0就是1000，沒有前面的1，你就什麼都不是。單位中領導的主管選不好，也就發展不好。

六、「南坡」與「北坡」

一個大的企業一定要有自己管理方面的一個提法。有點像攀登珠穆朗瑪峰，從南坡上，還是從北坡上，都是登上山頂，但一個登山隊不能一半在南坡上，一半在北坡上。例如說公司裡有十個事業部，其中一個事業部有先進的經驗，但是向企業推廣的時候，不能說法不統一。在管理上一定要有一套統一的理念。

第二章 靈魂工程

全球化時代，能夠成功的企業，將是在文化上領先的企業。

——著名經濟學者：勞倫斯・米勒

文化理念之魂

企業文化是一個企業的無形資產，其價值並不遜於企業品牌，而且好的企業文化有助於公司品牌的推展。

企業文化是一個企業的精神載體，不可或缺。愈是一個成功的企業，愈重視企業文化的建設。企業文化是一個企業的無形資產，其價值並不遜於企業品牌，而且好的企業文化有助於公司品牌的推展。

聯想對企業文化建設十分重視，柳傳志認爲，文化是聯想可持續發展的動力引擎，以文化帶動公司的全面工作。他用簡單的描述來表達聯想的企業文化理念，並分爲企業核心理念、用人、做事等三方面。

在企業核心理念上，聯想把員工的個人追求融入到企業的長遠發展之中。柳傳志認爲，辦企業就是辦人，小公司做事，大公司做人，因此聯想的企業核心理念就是希望員工能與企業一同發展。柳傳志表示，聯想是以「求實、進取、創新」爲公司的企業精神。

在用人方面，聯想不僅重視學歷、資歷，更重視員工的能力與業績。柳傳志認爲，一個好員工標準應有敬業精神、上進心、富責任感、有創新精神且善於溝通。

在做事方面，聯想推行「發動機理論」，就是當員工是一部「發動機」，當員工與長官一同確定了目標之後，由員工自己主動地推進，甚至驅動其他人共同爲你的目標服務，也就是說，每個人都是自己的老闆，工作是爲了證明自己的價值。

此外，聯想推廣業務的原則是：「沒錢賺的事不能幹；有錢賺但是投不起錢的事不能幹；有錢賺也投得起錢，但是沒有可靠的人去做，這樣的事也不能幹。」。他們希望每一步都踏得紮實，踩實了，再踏上一步，決不莽撞行事。

柳傳志認爲，各級幹部員工應根據現實和環境的變化，大膽突破和超越，不斷地推陳出新。在思路上要求大膽假設，在操作上要小心求證。創新不是盲動，而是在充分討論後的果敢行動。也就是當你做的工作超出了客戶（包括公司內部客戶）的滿意，你就一定有所創新了。

從「大船文化」到「艦隊文化」

「大船文化」倡導員工既要做「船員」，又要做「船主」，以風雨同舟的精神對待企業。「艦隊文化」既是一種管理方式，也是一種文化觀念，提倡分工合作精神。

「文化是什麼？到最後它可能就是一種精神。人是要有一點精神的，沒有精神的隊伍是散兵遊勇、烏合之眾。」柳傳志如此說。現今世界是一個經濟的世界，是一個務實的世界，人們不再像過去那樣，談文化的就脫離經濟，談經濟的就脫離文化。人們發現，多元的世界很多東西都交融，人與人交融，國家與國家交融，精神與物質交融。

聯想是一個高科技企業，也是一個典型的知識份子群體。這一特點決定了柳傳志的管理方式，不同於一般管理，更注重文化建設。企業文化是加強企業管理的整合劑。聯想文化以塑造優秀的員工爲目標，體現了以「高尚的精神塑造人」的要求。

早期的聯想人，八〇%由電腦所的知識份子構成，相同的年齡結構與文化背景，以及一起工作的互相瞭解，使他們的人生觀、價值觀比較接近。自然形成了聯想的主體文化，這是聯想員工的第一層基礎。一九八八年以後，陸續從社會上招聘了一些年輕有爲的新知識份子，不論這部分員工隊伍有多大，它的核心文化總能向外覆蓋。

柳傳志早年建構聯想集團的組織結構，曾經被高層比喻爲「大船結構」，因此與之相應的企業文化稱爲「大船文化」，後來隨著形勢的變化，「大船結構」變成了「艦隊結構」，「大船文化」也就轉變成了「艦隊文化」。

「大船文化」倡導員工既要做「船員」，又要做「船主」，以風雨同舟的精神對待企業，以主人翁作風要求自己。「艦隊文化」既是一種管理方式，也是一種文化觀念，提倡分工合作精神。

柳傳志把以人爲本的思想提升到「百年樹人」，十分重視提高整體員工素質，使員工不僅在行爲上要符合聯想規範，且從思想觀念上和精神狀態上全面做一個聯想人。所以，柳傳志的企業文化建設以「人模子」教育為開端。所謂「人模子」，也就是員工必須進到聯想的「模子」，聚成聯想的理想、目標、精神、情操、行為所要求的形狀。為達到這一目標，柳傳志以聯想管理學院為操作機構，從第一步開始強化對員工的「人模」教育。

柳傳志以他堅定的信心、身先士卒的精神，在聯想內從上到下地推行這項「工程」，雖然把一個人從血液裡改變為一個「聯想人」，遠遠比改造一個企業更加困難，但柳傳志還是認定這個目標，儘量讓每一位員工都融入聯想的企業文化中，為此聯想耗費了大量人力、物力，但「人模子」的成功，使柳傳志和聯想所有員工都溶為一體，所創造出的能量是不可估量的。

吃著碗裡，看著鍋裡，想著田裡

市場是變幻莫測的，誰也無法預料明天會遇到什麼困難，企業須對一切危機有充分的準備，在危機來臨之前，時常進行「自我診斷」，以求提前預知危機，並防止危機的產生。

海爾總裁張瑞敏著名的「斜坡理論」認為，企業在市場中的位置，有如斜坡上的球體，不進則退，不存在維持，維持就註定消滅，發展才能生存，在這種情況下，只有具有憂患意識的企業，才能帶領企業渡過難關，邁向企業的高峰。

柳傳志也意識到，市場是變幻莫測的，誰也無法預料企業明天會遇到什麼困難，企業須對一切危機有充分的準備，對於像聯想這樣的高科技企業來說，尤爲突出，產品的更新換代可謂日新月異，挺不住，就會敗下陣來。

ＩＴ界有句話：「電腦行業如同牌局，每隔幾年會重新洗一次牌。」發展迅速、變化快、競爭殘酷，是ＩＴ業的一個重要特徵，柳傳志看到了這一點，他爲聯想集團的生死存亡所憂慮。正是ＩＴ業的這一殘酷現實，決定了聯想獨特的危機教育。

「以變應變、以快速之變應快速之變」是高科技行業維持生存的唯一出路。柳傳志提出了一個響亮的口號：「『變』是聯想集團永遠不變的主題。」首先是聯想集團的管理者要有「變」的意識。爲此，柳傳志建立了密切跟蹤世界行業發展變化的特殊資訊部門，形成一個比較完備的網路資訊系統。這個部門每天都從全國和世界各地搜集整理發生在ＩＴ業的行業情報，並把這些情報及時反應到聯想集團的決策中心。

柳傳志和其他的高層決策者經常開會，不斷強化「變」的意識，研究應對「變」的對策。他們還經常出國考察，親自觀察世界各地高科技企業的發展情況，及時加以分析研究。

柳傳志不但要求聯想集團各部門的決策者要變，還對其下屬和員工逐層進行「變」的教育，樹立「變」的觀念和意識，增強員工的緊迫感。聯想集團的領導層利用各種大小會議、公司內部各種類型的媒體，不斷地對員工進行經常性的危機教育，動員組織爲員工開展關於公司發展前景和面臨問題的大討論，使員工樹立起「變」的意識和危機意識，隨時準備應變。

在聯想集團，柳傳志所實行的全員能上能下的用人政策，也使員工產生了很強的危機意識。只有工作出色才可能在聯想集團生存下去，否則將可能被淘汰出局。企業在危機來臨之前，應該時常進行「自我診斷」，以求提前預知危機，並防止危機的產生。

柳傳志常說：「經營必須『吃著碗裡的，看著鍋裡的，想著田裡的』我們企業大多缺乏這樣的意識，碰巧做好了一個產品就高枕無憂，做壞了就驚慌失措。」用這樣的心態去和美國人、日本人競爭，一定會敗下陣來，企業應當一邊做著自己的事，一邊瞄準世界同行所做的，邊幹邊學，不斷進步，聯想各方面的決策無不體現漸進、創新的特點。

從聯想過去的經驗來看，它每一個業務都經歷了孕育、成熟、高速發展和衰落等階段。事實上，聯想早期起家的聯想中文卡就是一個很好的例證。在很短的時間裡，它就經歷了興起、高速發展、衰落的全過程。獲得一個好的經驗是，要培養有層次的、生命週期不同的業務群來，用柳傳志的話說，就是要有「碗裡的、鍋裡的和田裡的」，這樣才能保持企業持續穩定高速發展。

「吃著碗裡的，盯著鍋裡的，想著田裡的」是柳傳志對企業要培養不同生命週期業務的一個形象描述。所謂「碗裡的」，是指一個完全成熟的業務，是企業眼下的主打業務，目前，ＰＣ以及主機板就是聯想「碗裡的」。「鍋裡的」是指眼下雖然還沒有完全成熟，但是市場已經顯露出不斷增長的業務。目前，伺服器、手持設備和外部設備等被認爲是聯想「鍋裡的」。

對一個中小企業來說，有了「鍋裡的」、「碗裡的」也許就可以了，但對於業界龍頭來說，要遙遙領先同行，就必須自己到田裡去播種。「服務就是我們『田裡的』」柳傳志說，「十年後，服務對聯想的貢獻將會達到四十%。」屆時，聯想將會形成一個「軟硬兼施」的局面，作爲硬體設備供應商和軟體服務的提供者。這種「市場導向性」的前瞻性創新，爲柳傳志帶來了聯想的持續發展。

從「無界限」環境到培養合力

「無界限行爲」的目的就是「拆毀」所有阻礙溝通、阻礙找出「好想法」的「高牆」。

近年，柳傳志開始利用網路建設企業文化。聯想有自己的局域網，員工在網上可以向領導直接提意見或建議。在一定的時間，員工和領導可以在網上自由進行交流。員工之間也可以在網上展開辯論、學習和思想交流，批判錯誤的思潮和觀點。網上可以發表員工對公司內部管理或對某個領導的意見和建議。

聯想內部的局域網造成了一種「無界限」的工作環境，所有人的靈感和意見都可以在第一時間內發表出來。彼此之間沒有層級這一官僚辭彙，有的只是坦誠與思想碰撞出的火花。

柳傳志提出了一個「無界限行爲」的概念，是因爲他堅信不論何時何地都會有一個擁有好想法的人存在，而當務之急就是設法將他找出來、學習他，並以最快速度付諸行動。「無界限行爲」的目的就是「拆毀」所有阻礙溝通、阻礙找出「好想法」的「高牆」。它是以這些理念本身的價值，而非提出這些理念者所在層級來進行評價的。

在「無界限」行動中，他具體實施了一種名爲「考驗」的措施；從公司的各個階層選取四十至一百人，共同召開一次非正式會議。主持人設定議題後先行離去，參會者則分組討論，分別針對問題的不同部分找出解決辦法。主持人回來後，聽取他們的策略，他的態度只有三種：立即接受、立即駁回、要求提供更多的資訊資料。如果是第三種，主持人會再下令組織一個小組，在限時內做出決定。

然後，將這種「考驗」擴散到整個企業。其好處是將各層級與部門的人員聚集在一個房間裡，共同鑽研一個問題；而且員工會把對工作上的不滿及問題全部搬到台上來。

工業化以來，分工越來越細，每個部門、每個人都埋頭做自己的事。然而，人們提高了局部效率，卻犧牲了整體效果。在全球經濟一體化時，一個企業的內部不可能在「互不干涉」中高速發展。企業如何才能打通各種「隔斷」，讓所有員工「聚在一間大屋子裡，一起思考同一個問題」就成了企業成長過程中，一個不可逾越的問題。

一九九九年下半年以來，柳傳志發起了一場不稱「總」的運動，也就是聯想人不論在什麼地方見面，都要稱呼對方的名字，而不是稱呼他的職務。其主因是配合聯想實行能上能下的動態人才管理制度，今天是總經理，明天可能是一個普通員工。平時不稱「總」，就能夠使變動崗位的「總」減輕思想負擔，爲他們建立一個寬鬆和諧的環境。

第一代聯想人百分之百是中國科學院計算所的科研人員，創辦聯想的時候這批人的年齡都在四十歲至五十歲之間。其總體特徵可分爲三點。一、對事業要求極高；二、集體榮譽感很強；三、物質要求不高。

針對這一特徵，柳傳志對於這時期的員工，著重於事業目標的激勵、集體主義精神培養、物質分配的基本滿足等特點。公司初創時期，由於成員對舊體制弊端有共同的感受，因此，很容易在未來的事業目標上達成一致，很多聯想的思想和價值觀均在這時期形成。例如，「把五%的希望變成一〇〇%的現實」、「看功勞不看苦勞」、「研究員站櫃臺」、「斯巴達克方陣」等。

而現在，柳傳志更是把團隊精神當做聯想的「傳家寶」。他想讓集團裡每一位員工都明白，現在聯想所取得的一切成績，都是在每一位員工的共同努力之下獲得的豐碩成果。如果要爲這些成績發一個獎的話，那麼獎盃上刻的將是所有人的名字。只有大家共同努力，聯想的每一個計畫、每一個藍圖才能夠成功實現。而每位員工就是這份「事業的主」。

培養合力的人生觀

一個企業擁有大量的人才並不見得是一件好事，如果企業的領導人不能使這些人才合力往一處使的話。外國人常說我們中國人「一個人是條龍，十個人就變成了十條蟲」。但柳傳志並不認同這種看法，他相信透過正確有效的方法，就可以培養聯想員工的合力。而這也正是聯想的人才觀之一：培養合力。

聯想識人和用人的標準是：1.認同聯想的企業文化；2.心態開放，有不斷學習的能力；3.具備溝通能力和合作精神；4.具備自主與創新能力；5.上進心和事業心；6.適應變革；7.有良好的自我認知。在這些標準中，個人素質的培養和凝聚精神是最重要的。

柳傳志強調，一個「團結、堅強的領導班子」是聯想能夠取得今天這樣業績的重要原因之一。所謂班子，是人與人的組織，是人的問題，是合作的問題。假定我們把總經理當作是企業組織的領導人物，那麼班子則是企業的核心堡壘。建好這個堡壘，就要求我們的人才具有很強的協調能力。聯想認爲一個優秀的人才既要堅持原則，又要善於妥協。堅持原則才能有正氣，善於妥協才能團結。沒有這兩條，事業做不大。現實中的確有一類才高八斗而又鬱鬱寡歡不得志的人。

聯想是一個非常講究合作的企業。柳傳志喜歡把聯想解釋爲是一個「一個人一個人與別人比，比人家弱，合在一起就比較強」的企業。一九九四年，聯想成立了總裁辦公室。柳傳志把一些具有良好可塑性的人才集中到總裁辦公室，這些人中有一線業務部門的總經理，有職能管理部門的總經理。凡是總裁室需要決策的專案都會事先拿到總裁辦公室討論。有時候一個問題討論來討論去，好像沒完沒了似的。柳傳志把這種討論叫做「把嘴皮磨熱」。

一年裡總裁辦公室成員的多數時間都在這種熱嘴皮子之中。柳傳志把這種議事方式的目的闡述得十分清楚，他認爲總裁辦這些成員將來極有可能要管理整個公司，現在提前把大家捏合在一起辦事議事，彼此脾氣稟性和價值觀逐步融合，逐漸形成一個團結堅強的班子。無疑，這又是柳傳志訓練人才的一種預演。

把五%的希望，變成一〇〇%的現實

在經過了頑強的拼搏之後，才會嘗到甘美的果實。「把五%的希望，變成一〇〇%的現實」是柳傳志提倡的拼搏精神。

曾有人對這種想法表示異議，認爲有失科學。但柳傳志認爲，做事就是要有一種拼命精神，聯想本身就是一個靠拼搏精神起家的企業。聯想最初的投資不多，這意味著一開始並非有人對它寄予厚望。聯想人信什麼呢？信實力，信尊重，而這些要靠自己去獲得，別人給不了。

聯想在香港的合作者，擁有二、三億元的資產。有人拿他和柳傳志做比較，但柳傳志說：「我挺值。我和科學院老同志比，他們今天還在那裡做科研，什麼享受都沒有，而我，生活條件在國內已經是一流了，做的事情又符合國家的需求，還需要什麼呢？」柳傳志的話也代表了每一個聯想員工的心聲。的確，和大多數企業員工相比，聯想人確實少了點什麼，但又多了點什麼，比如聯想企業文化中的奉獻精神和拼搏精神。

柳傳志提倡拼搏、奉獻的文化，激勵聯想人把五％的希望，變成一○○％的現實。不僅僅體現在公司的文化理念上，也透過各種激勵手段讓拼搏者分享成功果實。體現「誰栽樹，誰乘涼」的精神。

他認爲，聯想的事業是國家的事業，也是每個聯想人的事業，勞動的成果也應該由聯想人分享。一九九三年，公司面臨班子新舊交替的問題，在這個關鍵時刻，中國科學院同意拿出三十五％的股份作爲聯想創業股，分給一九八八年以前的創業者，有了這三十五％的股份，聯想兌現了「誰栽樹，誰乘涼」，讓創業者沒有後顧之憂，順利地從領導崗位上退了下來。

老一代聯想人已經有一些退休了，此刻他們正在享受著自己的創業成果。公司爲他們設立了創業基金，因此在國家規定的退休工資之外，他們每個月還可以領到一份創業基金提供的補貼，這使得退休的聯想人依然能夠享有豐厚的收入，聯想退休員工目前的月收入水平遠遠超出國營企業正在工作的員工月收入。從理論上說，這是他們履行責任所獲得的報酬。正在努力履行責任的年輕一代聯想人看到了他們前輩的今天，他們有理由同樣爲自己終將到來的這一天去奮鬥。

按照幾年前我們所說的小康生活標準，聯想人比國家設計的實現時間提前了十年。這給聯想人帶來足夠多的自豪感。因爲勞動不僅給國家創造了財富，也把他們的生活質量提高到一個令周圍人們羡慕不已的地位。而他們更明白的是，由於自己盡心盡力地爲企業創造價值，才得到了今天的一切，正像柳傳志所說：「堂堂正正做人，勤勤懇懇工作，理直氣壯拿錢，誰栽樹，誰乘涼。」

誠信無上

誠信並不是一個空洞的口號和承諾，它應該貫徹在日常經營和長期戰略當中。所謂聚沙成塔，對企業的信賴是日積月累的結果。因此，做公司就像做人，要贏得別人的尊重，首先要尊重自己。

有人把二〇〇二年稱爲中國企業的誠信年，把誠信放到了至高無上的地位，但聯想早就這麼做了。在柳傳志強調的企業文化裡，一直強調以信爲本，無信不立，形成了堅定的信譽文化。

柳傳志強調「以信爲本」，主要是提倡兩種信譽。一是個人的信譽。要求員工踏實做事、說到做到；取信於用戶、取信於同仁、取信於上級、取信於下級、取信於政府。二是公司的信譽，要求是：以用戶效益求公司效益；寧可損失金錢，絕不喪失信譽。

一個企業可能很瞭解自己是怎麼回事，但要讓外人深入地去瞭解你的企業是十分困難的。

企業的合作者只能透過對企業在市場及業界的信譽輿論，來決定是否和你合作，因爲它不可能知道你企業的戰略是怎麼樣的，管理是怎麼樣的，隊伍又是怎麼樣的。

一九八八、八九這兩年，人民幣和美元的匯率一下子從一：六升到了一：九。聯想做貿易要透過進出口公司把人民幣換成美元，在人民幣對美元漲至一：九的時候，進出口公司不願意再履行原來的合同。爲了能把人民幣及時兌換成美元，歸還香港銀行的美元貸款，柳傳志決定允許進出口公司違約，按一：九而非原定的一：六兌換美元，以償還銀行的美元貸款。聯想爲此賠了一百多萬元，但在銀行、進出口商那裡卻建立起了信譽。

繼聯想宣佈其八家分公司退出代理市場之後，一九九九年八月，柳傳志決定中國境內十九個分公司不再代理聯想電腦，又一個在國內電腦業引起議論的舉措。市場競爭日趨激烈，聯想放棄現有的營銷渠道，意味著放棄一定的市場份額。柳傳志爲何付出這樣的代價？這一事件引人關注的原因之一是，DELL採取直銷模式所獲得的成功，正被業內輿論所接受，而如ＩＢＭ、惠普、康柏等國際著名公司，也聲稱將採取類似的做法。但在這樣的背景下，聯想仍然堅定地選擇分銷模式，似乎與大形勢背道而馳。

柳傳志表示，將分公司的代理利潤讓給代理商，雖然是一種損失，卻可以建立起與代理商合作的「信譽」。這種信譽，或者說這種分工合作的方式一經確立，就可以自發地擴大分工合作的範圍，最終對企業是有益的。他進一步解釋，目前聯想電腦的銷售渠道網正開始向縣一級單位延伸，這完全得益於實施分銷模式從而獲得「自我擴展」機制的指導原則。

大聯想概念，形成三贏局面

柳傳志在聯想電腦誕生之初選擇了直銷，分公司不僅是聯想電腦銷售的主渠道，也在聯想品牌形象的樹立、市場推廣、發展經銷商等諸多方面立下了汗馬功勞。當市場慢慢培育起來以後，聯想於一九九四年開始實行代理制度，邁出了銷售渠道建設關鍵的第一步。

但是，當時的分公司既是廠商代表，承擔了發展經銷商的職能，也是代理商，承擔了直接面對用戶進行銷售的職能，和代理商之間存在一些衝突。

一九九六年，聯想開始建設獨立於分公司的辦事處。由於辦事處承擔了渠道管理和支援的平臺工作，分公司就完全按照代理商的模式來對待。隨著市場的進一步發展，柳傳志在工作中發現，分公司具有比很多代理商更好的品牌形象，也在一定程度上影響了代理商的發展。因此，一九九九年之初，聯想將各地分公司轉換爲平臺，完全退出聯想電腦的代理銷售，這是順應潮流之舉，也是聯想尊重和扶持代理商隊伍的一個證明。

著名管理學家彼得・杜拉克認為，要達到分工合作秩序的「自發」擴展，其中一個關鍵問題是，如何在分工的人群中建立一種「信任」關係或者合作的「信譽」。很顯然越是長期的合作，信譽越是重要。在聯想銷售渠道的演變中，雖然時間不長，但卻有很重的「信譽」建設軌跡。

聯想的「信譽」建設還表現在三個方面：信守對代理的承諾，而且將這一思想貫穿到日常工作之中；極力維護代理利益，包括在代理政策中充分考慮代理銷售利潤、協助代理商減少經營風險、不斷以推出新品方式增加代理機會，加強對代理的支援和培訓等；注重長期發展的原則，要求代理商要有長期發展的思想。

由於聯想分銷的合作方式已經確立，而且開始進入自我擴展階段，新品從研發到推向市場的效率也在不斷增長。事實上，這些渠道保證了聯想電腦的每一款新品都能夠在短時間內分銷到各國各地，並迅速獲得市場回饋。更重要的是，最新的市場需求變化資訊也能極為有效地從渠道獲得。這種合作關係的最終目標，如同博奕理論所描述的合作範圍不斷擴大那樣，將形成用戶、代理和聯想三位一體的「大聯想」銷售渠道，所謂「大聯想」的概念其實包含了合作各方共贏的理念。

信譽，百年老店之魂

在一九九九年五月二十五日的聯想業績發佈會上，柳傳志把聯想快速發展的原因歸結為三點：重視企業發展戰略研究、重視內部的管理、重視人才的培養。除此之外，柳傳志表示，「對一個企業，最重要的因素是『信譽』。他希望聯想能成爲一個目標長遠的公司，一家百年老店；而信譽，毫無疑問是百年老店之魂。

一九九四年，香港聯想公司在香港聯交所上市，聯想希望以股市融資代替傳統的借貸融資，減輕融資成本。那時，香港股市還沒有形成紅籌股、中國概念股，聯想股票當時首先遇到的問題是國際投資商的不瞭解和不信任。

當時，國外的投資基金根本不看好中國企業。聯想與投資基金公司溝通時，遇到很多障礙，爲了向一個投資商介紹聯想，曾三次拜訪投資商，但對方仍心存疑慮，這是聯想在內地沒遇到過的問題。聯想從第一次向銀行貸款開始，沒有拖欠過貸款，在銀行裡樹立了極好的印象，從沒產生過信任危機。

柳傳志把「守信用」看成企業的一個最高理念。他認爲，可能有各種原因使你難以兌現承諾，但你無論如何要完成，否則就要對自己說的話留有餘地。聯想把在中國內地守信用的傳統帶到了香港。在聯想的業績發佈會上向投資者鄭重宣佈，聯想要做長期的公司，要踏踏實實把公司業績做好，不給投資者「造夢」。

一九九五年，香港聯想大虧損，聯想並沒有因此拖延業績公佈的時間，而是提早採取行動，發出業績警示通告，按時向投資者和股民說明情況，說明公司的現狀和未來的發展戰略，以及對決策層的調整。聯想股價在這一階段雖有大幅度的下跌，但聯想的「信譽」卻得到了空前的加強。

聯想的「三個信得過」

市場經濟就是信用經濟，一個沒有信譽的企業是根本做不大的。這一點，聯想很早就意識到了，遠遠走在國內企業的前面。聯想在研究上市公司股價增長情況的時候，發現很多公司喜歡談論未來，其實這些「未來」未必有把握做成。「造夢」是一些公司的戰略，今年說明年，明年說後年，空談將來怎樣怎樣，最後實在沒有什麼可以吹噓的了，這支股票就無聲無息了。聯想不會給投資者造夢，做不到的事它堅決不說。

爲了讓投資者放心，柳傳志從一九九八年下半年起，將公司業績公佈由以前每半年一次改爲每季度一次。這與中國內地一些企業不願公佈，甚至隱瞞業務及財務報表的狀況相比，形成鮮明對照。對投資者來說，上市公司的財務和經營狀況是他們最爲關心的事情。一位在香港的投資經理曾拿「廣信」和「粵海」與聯想比較，斷言因爲聯想的透明化，在未來幾年內將是最有發展潛力的紅籌企業之一。

柳傳志堅信，公司要做大，一定要有一個誠信的態度。他特別痛恨「無商不奸」的說法。公司一開始就立了所謂「三個信得過」。第一個就是叫領導信得過，這個領導當時是中國科學院，今天其實就是每個股東，也就是叫投資人信得過。第二個是叫客戶信得過。第三個是叫員工信得過。

在香港，柳傳志的做法就是兩條，第一就是透明，在香港上市公司的規矩是半年宣佈一次業績，柳傳志把它改了，三個月宣佈一次，一個季度一次，讓投資人最及時的知道他們的情況。另外把一些投資人請到公司裡邊，聯想內部的會議允許投資人參加，參加聯想預算是怎麼制定的，聯想內部是怎麼徵求問題的，可以隨便看，但投資人要保密。

第二是誠信，柳傳志說：「我們堅決不造夢。它也是一個誠信問題。造夢是什麼呢？就是告訴人家，我們兩年之後要做什麼事，我們需要多少資金，要把它做成什麼樣？結果客戶相信你們，到了來年，原來是個夢，騙了一次還可以，你做了一次還可以，你再造一次夢，你這公司永遠別想起來。」

他說，誠信並不是一個空洞的口號和承諾，它應該貫徹在上市公司日常經營和長期戰略當中，正所謂聚沙成塔、集腋成裘，投資者對上市公司的信賴是日積月累的結果。因此，做公司就像做人，要贏得別人的尊重，首先要尊重自己。

第三章 人本制勝

人、財、物、時間、空間諸要素中，人才是企業發展的關鍵因素，人是企業的主體，是企業活力之源。

——海爾科技CEO：張瑞敏

創人力資源知名品牌

「人才是企業的第一資本」，把人才開發當作爲企業發展的主題，在由計畫經濟向市場經濟轉軌的過渡階段，具有特別重要的現實意義。

「以人爲本」也是所有現代企業的共同特徵。但同樣是以人爲本，每個企業具體所念的經卻不一樣。柳傳志倡導的「以人爲本」，也有自己的獨特之處，具體表現在：人力資源是聯想最重要的戰略資源，人力資源是比資金、產品等更重要的資產；確立聯想人概念，將聯想人創成中國社會人力資源概念系統中的知名品牌；在塑造聯想產品的品牌形象的同時，塑造聯想人的品牌形象。

柳傳志的宗旨是：「辦公司就是辦人」。聯想靠什麼成爲今天的聯想？靠人。二十萬元創業資本即便點石成金也不能在十幾年滾成十億元。聯想將來靠什麼進入世界五〇〇強？還是靠人。沒有人，數十億元用不著幾年就會變回二十萬，這是規律。所以柳傳志說：「小公司做事，大公司做人。」這句話把它咀嚼透徹之後翻過來說更有意思，大概可以說成「做事的公司做不大」，人才是利潤最高的商品，能夠經營好人才的企業最終是大贏家。依靠人才成就了自己的聯想，今天面臨著世界級強手的人才競爭，意欲依靠人才成就百年老字號事業的聯想，始終格外精心地實施著自己的人才戰略。聯想深知世界的競爭是資源的競爭，是人才的競爭。聯想的對手在爭分奪秒進行人才的大搶奪。

柳傳志曾多次說過，聯想的發展得益於國有民營的體制。「國有」保證了國家對聯想的支持，「民營」保證了聯想集團能夠嚴格按市場經濟規律辦事，當然也包括對人才的評價與激勵。與一些傳統的國營企業相比，聯想的確幸運得多。這種幸運表現在：一是聯想沒有大量退休員工這樣一個沉重的負擔，是一個輕裝上陣的企業；二是聯想沒有過多來自上級的行動干預，只要遵守國家法律按時納稅即可。

從一九九五年底開始，柳傳志加強了對「以人爲本」思想的強調，連續四期的幹部培訓班和每月一期的員工培訓班都是在「以人爲本」的思想指導下進行的。對於「以人爲本」，柳傳志解釋：如果一個企業對於員工的全部激勵就是物質的話，那麼員工與企業投資購買的設備就幾乎等同一致，「以人爲本」就是自欺欺人。

不同類型的員工，不同的激勵法

另外，「以人爲本」還有一個問題，就是對不同類型的員工如何激勵？聯想的員工按工作性質劃分爲下列幾類：銷售人員、技術開發人員、管理人員，以及行政服務人員等四類。聯想的考核辦法是按不同的職務來建立標準，銷售人員以銷售業績爲依據，技術人員以開發成果的市場成就爲依據，分別提取銷售提成傭金和技術提成，並以此作爲評價標準。管理人員的考核則是以他所領導的部門業績爲依據，部門的成果是管理人員能力與工作勤奮與否的呈現。不同的部門、不同的人員，在設計好的不同跑道上同場競技，收入的差別、評估的差別就是合理的。

在銷售部門裡，優秀的銷售人員收入可以超過上司一倍甚至更多。促使許多優秀人才專心一致地朝他得心應手的領域去發展，獲得他的成就，而無須一定要在管理者的職務才有顯現。這一點非常重要。一個職務就是一條跑道，如果我們只激勵了一條跑道而忽略了其他跑道，那這條跑道一定會擁擠不堪。聯想的做法使每一條跑道都很熱鬧但並不擁擠。

在柳傳志看來，技術人員和行政管理人員的情況相對複雜一些。主要的問題在於評價考核的標準和依據不容易量化，很多工作是要很多人合力去做的，不太可能清楚劃分工作權責，也不能這樣去做。與銷售員相比，技術人員和行政管理人員需要的是激勵和培養集體主義精神，否則企業就成爲一盤散沙。

在過去，學歷較高、注重學術成就的科研人員，不斷爭取獨自承擔課題的機會，一個人潛心研究幾個月或者幾年，搞成一項科研成果，然後就可以獲得評獎、發表論文、晉職的機會。國家有限的科研經費爲了照顧每個人都有課題機會，像撒胡椒麵一樣分散了。科研人員單打獨鬥進行著各自的研究，知識的互補性很少，導致科研成果很難有大的突破。這種情況如今仍存在一部分科研機構裡，但無論如何是不能帶到企業裡來的。

高科技的企業要求它的科研開發只能以市場需求爲目標，只能選定幾個項目作爲研究，並把所有的人力、物力都集中投向這幾個項目。承擔開發專案科研人員不能夠爲了成果歸屬權而要求獨立工作。他們必須組織成一個團體以確保互補作用能夠實現。在成果爲商品進入市場的其他環節，諸如生產、培訓和維修方面，每一個環節都要有具備相當水平的科技人員把關，支持科研成果的商品化。

一九九一年，柳傳志將三位不滿三十歲的年輕人破格晉升爲副研究員，理由是他們在聯想中文卡、聯想微機的開發過程中功勳卓越並表現出非凡的才華。這件事在企業內部，甚至在中科院管轄系統內都十分轟動。因爲這種情況極少有，除非是在國際上獲得學術大獎才有可能。在其他職務對成果商品化進行支援服務的技術人員，在公司系統的考核體系下也能夠有晉升的機會。假若沒有這樣的途徑，人人都會要求獨立做課題，那無論如何也端不平這碗水，企業的開發工作也難成氣候。但柳傳志以「以人爲本」的思想爲指導，透過具體的措施，不僅端平了這碗水，而且大大激勵了各個層次、各個崗位的聯想員工。

用「大人才觀」指導企業實踐

柳傳志強調「人才是企業的第一資本」，把人才開發作爲企業發展的主題，在由計劃經濟向市經濟轉軌的過渡階段，具有特別重要的現實意義。因爲在這個過渡階段，健全的市場經濟體制所需要的法制還不健全，經濟秩序尚有待整頓，社會迫切需要一批政治素質好、業務能力強、能高屋建瓴洞察經濟發展動向的優秀企業人才，正確掌握和運用企業資本爲人民大眾造福，爲社會發展承擔歷史責任。

柳傳志在企業實踐中，大力宣傳和弘揚「以生命作爲第一投入」的奉獻精神，正是基於這一考慮。柳傳志提出「大人才觀」，是爲了強調企業的各級決策機構在人才問題上要擺脫傳統思維的束縛，發展出明確的思路。

其一，全方位地認識人才在企業發展中的作用，糾正「企業人才即是工程技術人才」的狹隘認識，改變用人方式，拓寬用人渠道。就企業發展實際而言，工程技術人才固然重要，但目前最缺乏的還是管理人才和營銷人才，就是能把企業搞活的廠長和銷售經理。從另一個側面講，有的企業一些素質很高的工程技術人員不能充分發揮作用，究其原因，還是管理者不善管理，是管理者的素質問題。隨著社會的進步，企業面臨的局部情況愈來愈複雜，因此，掌握各種邊緣學科知識的複合型人才，也將成爲企業發展不可或缺的主要因素。企業決策者對此應有充分的認識和心理準備。

其二，以往我們過於強調人才引進，而忽視對人才的培養，在人才使用上也就不可避免地存在「遠香近臭」的錯誤做法。

柳傳志了解到，用「大人才觀」指導企業實踐，必須重視人才作用在企業實踐中的人格主體意義。所謂人格主體意義，即人才的創造性勞動所呈現的個性特徵和社會價值。

柳傳志在聯想廣泛展開「價值觀」的討論，目的在使員工了解到市場經濟法則就是優勝劣汰。誰透過富有個性的創造性勞動創造了社會財富，誰就可以理直氣壯地按勞動分配的方式取得高報酬。每個人都要重新衡量一下自己的價值做一次自我鑑定。要以「企業多大程度上需要我」爲依據，自我定位，自我估價自己。

在柳傳志看來，作爲價值觀或是人格主體意義的體現，首先要堅持「科學技術是第一生產力」的方針，強調產品、工藝裝備和管理創新在企業實踐中的作用。可以制訂專門政策，對專利和管理創新帶來的經濟效益，給予發明創造者提成獎勵。還可以成立專門的專利事務處，爲專利發明者提供諮詢與服務。從「人才是企業的第一資本」這一理論前提出發，企業決策者必須轉變觀念，糾正人才單靠提拔、自生自滅的認識，把人才培養列入項目投資計畫，加大人才開發的力度。

在「助跑」中識人

人才的殘酷競爭，說到底最終是經濟實力的競爭。有關人才的選拔和培養、人才的使用、人才的考核評價，最終是一個關係到企業生死存亡的根本問題。

在一個企業，總是有著各種各樣性格、秉賦都不同的人才。如果按同一種模式去使用他們，勢必導致所有人的才能無法徹底發揮。聯想在此有一套成功的做法，使得所有聯想人的才能都得到了充分利用。而充分利用，也正是柳傳志的人才觀之一。

柳傳志意識到聯想需要各種各樣的人才，但主要是三種人才：能獨立做好一攤事的人；能帶領一班人做好事情的人；能審時度勢，具備一眼看到底的能力、制定戰略的人。

對聯想來說，每一種人才都很有用，只是每一個階段需要的迫切程度有所不同罷了。公司發展到一定程度，需要較多的是第二種人才。但公司發展壯大以後，第三種人才就尤顯珍貴。

兼容並蓄、充份利用的用人原則

柳傳志是從一種動態、發展的角度來界定人才的標準。從一九八九年之後，聯想在對第二和第三種類型的人才培養方面下了很大功夫。問題在於這些標準僅僅就是標準，現實生活中問題不會這麼簡單，不會讓你覺得衡量人才像量布一樣簡單。

中國境內某些企業採用一種流水作業的工序原理，把每個人像螺絲一樣擰在企業這部機器上。他們認爲用人的關鍵在於量化，量化以後把人卡進他該去的位置。柳傳志不太同意這種極端的做法，因爲在高科技企業，這種只重管理流程和規範的管理模式，在尊重人性要求方面是錯誤的。假如聯想一定要這樣去做，至少那些能夠帶領一群人做事和能夠制定戰略的人才是不會留下爲聯想服務的。

在聯想的領導層裡，有人曾提出過這樣的問題：「認同公司價值觀，能創造利潤，怎麼辦？」「認同公司價值觀，不創造利潤，怎麼辦？」「不認同公司價值觀，能創造利潤，怎麼辦？」「不認同公司價值觀，不創造利潤，怎麼辦？」這是在聯想集團高級幹部管理培訓班上有人提出的問題，這些問題的回答反映了聯想對各種類型人才具體的使用方法。

對於第一種人和第四種人的處理辦法：第一種人重用，第四種人不用。在對第二和第三種人的處理上，參加討論的人產生了分歧。在對第二種人的處理上，有人提出不用，理由是企業是追求利潤的，沒有必要錄用不創造利潤的人。有人提出可以視情況予以錄用，企業用人不應太投機，也應該有投入，自己培養出來的人更可靠。

在對第三種人的處理上，參加討論的人分歧更大。因爲討論者都是聯想的高級幹部，有的人認爲他如果遇到這樣的人是會錄用的，原因是人家創造利潤。另外有人認爲堅決不用，原因是不能因小失大，隊伍的純潔性比一個人創造的利潤更重要。這場討論最後並沒有統一性的結論，因爲聯想用人的一個大原則就是兼容並蓄、充分利用。

從一九九〇年開始，柳傳志透過各種各樣的方式，循序漸進地把一個個年輕人推到領導的位置上，聯想如今已有三十多位年輕的總經理，占總經理人數的八十％以上。柳傳志習慣以處理問題的方式和水平來判斷人才的可塑性，像要求他自己一樣。他首先要求自己的部下來判斷人才的可塑性，像要求他自己一樣，他要求部下要有信譽，然後才是能力。

聯想希望未來幾年內，各分公司和事業部能夠獲得更多的自主權力。要達成這些事情需要幾個條件，首要條件就是需要有能夠帶領隊伍和制定戰略的人才，否則這個戰略設計無法實現。幾十個能夠獨當一面的總經理，這絕不是一個小數目。這個級別的幹部不可能單靠外來和尚，必須自己去培養。這是聯想集團立足於二十一世紀的人才工程。

聯想招募與調度人才有兩個時期。第一個時期是一九八八年到一九九〇年，聯想集團在這幾年間，透過向社會招聘和直接從大學招收研究生、本科生，企業人數規模由一百多人增加到四百多人。集團中今天的年輕總經理九十%以上是那個時候進入聯想的。

從一九九〇年至一九九五年，聯想每年在人事安排上有一次變動。利用這種方法考察和調整幹部，直到把一個又一個才華橫溢的年輕人調入合適的位置爲止。

第二個時期是一九九五年開始，聯想集團沒有像過去一樣在人事上做大幅度的變動，而是只做了三件事：一是組織結構的調整，主要的事業部獲得了更多的自主權力；二是要求總經理要拿出三年的規劃；三是柳傳志親自督戰，一年辦三次高級幹部培訓班，所有培訓內容的策劃柳傳志都親自參與。聯想的做法不僅使更多的年輕人才脫穎而出，同時保證了自己擁有各種各樣不同類型的人才，充分體現了聯想對所有人才充分利用的人才觀。

在「助跑」中識別人才

聯想識別人才的方式是在「助跑」中識人，因爲眞正的人才只有在「助跑」的過程才能充分、全面地表現出自己的才幹。人的素質是選拔人才的重要標誌，柳傳志對職員的素質要求是：良好的道德素養；出色的專業修養；敬業的職業態度；危機意識；競爭意識；合作互與補意識；善於學習，善於總結。

當然，柳傳志也非常注重在識別人才的過程中培養人才。他認為，人才的培養過程是一個動態的、不斷實踐的過程，即培養——能力增加——做更大的事。在這一過程中，企業必須格外注意兩點：

首先，是培養機會對能力水平的要求與接受任務者現有能力的把握。如果事情對能力的要求低於接受任務者現有能力水平，則不利於他的才能成長。如果事情對能力的要求大大高於接受任務者現有能力水平，除任務本身無法完成以外，對人才的信心也會產生極大挫傷。企業在培養人才、安排職務的時候，必須有「助跑幾步才能摸到」的估計，從而以利人才自信心的建立和才能的成長。

其次，是企業必須具有給各類人才不斷提供做事機會的能力。人才成長是一個動態發展的過程，能力的增長與不斷需要更新、更高的做事機會，兩者之間有著一種必然的聯繫。因此，企業就必須有能力提供人才施展身手的舞台。這既是對人才再培養的過程，又是留住人才的必要條件。

多年以來，柳傳志正是在這樣的原則下，不斷培養和焠鍊企業人才隊伍。在目前聯想集團幹部隊伍中，中、高級管理幹部裡三十五歲以下的年輕幹部已經達到六十％以上，而這些年輕幹部都是在「助跑」的過程中被發掘出來的。

柳傳志認為：企業需要人才，正如松下幸之助所言，「沒有人才就沒有企業」。但是，企業不能僅僅關注如何使用人才，還必須關注如何識別人才、培養人才，必須真心實意為人才的培養付出。人才的殘酷競爭，說到底最終是經濟實力的競爭。有關人才的選拔和培養、人才的使用、人才的考核評價，最終是一個關係到企業生死存亡的根本問題。聯想在「助跑」中觀察人、考核人，提拔人，眞正做到了「在聯想，做主人的事業，做事業的主人」。

「人模子」培訓

「人模子」，顧名思義，是說員工必須進入聯想的「模子」裡來，聚成聯想的理想、目標、精神、情操、行爲所要求的形狀。

今天，隨著時代的飛速發展和進步，企業員工必須不斷接受培訓，才不至於在激烈的競爭中落伍。IT業尤其如此。因此，聯想對於員工培訓極爲重視，並在實踐中摸索出一套獨特的培訓方法——人模子培訓。

以聯想管理學院爲操作機構，柳傳志從兩個層次開展對員工的「人模子」教育。

聯想一般員工的「人模子」

對於一般員工的「人模子」基本要求，就是要按照聯想所要求的行爲規範做事。其行爲規範主要指執行以崗位責任制爲核心的一系列規章制度，包括財務制度、庫房制度、部門介面制度、人事制度等等。執行制度是對一個聯想人最基本的要求，各種制度有效地制約著企業的運行。按照聯想員工「人模子」的基本要求，員工從開始受到壓力「人模子」，到習慣成自然的過程，就是聯想全體員工素質提高的過程。

聯想管理人員和骨幹的「人模子」

對於聯想的管理骨幹，上述基本的「人模子」要求還不夠，還要進入一個高層次的「模子」，包括以下幾個方面：

■聯想的骨幹，尤其是執行委員會以上的核心成員，必須有犧牲精神。在公司遇到困難、風險時要勇敢地迎上去、不許退縮、不許推諉責任。公司的核心成員在工作中需要付出很高的代價，在不為社會和周圍所理解時，還要能忍受委屈，承擔住巨大的精神壓力，並且堅持不懈地把事業做到底。這就是要求管理骨幹必須胸懷寬廣、任勞任怨、以事業為重、不計得失、不謀私利。

■聯想的骨幹，必須堂堂正氣，光明磊落，不許拉幫結派，有問題擺在桌面上談。

■聯想的骨幹，必須堅持公司的基本準則與統一性，堅決服從總裁辦的領導，不允許為了本部門的利益和別的部門造成摩擦。有了上述幾方面的素質，各部門就有可能形成核心，具備管好一個部門的首要條件。管好一個部門以後，才有可能擔任更大的領導職責。

■聯想的骨幹，在根據全局的要求制定本部門的工作計畫時，甚至在完成一個具體任務時，要學會「退出畫面看畫」的思想方法，就好比在畫一幅大油畫的時候，要能夠退後幾步看你畫的圖畫的全貌，保持清醒的頭腦，知道你現在的工作在全局中占什麼位置。

要學會「一眼看到底」的思想方法。執行任何一個戰術計畫，要把它的目的一眼看到底；要把做此事的利弊得失一眼看到底；在進行主客觀條件分析後，要一眼看到「做得成做不成」，以便在承擔大的責任時頭腦清醒，應對自如。

■聯想的骨幹，極其重要的一條就是要學會帶隊伍。聯想的口號是「求實進取」，這是帶隊伍的根本原則。當把一個計畫分解成幾個戰術動作，分配給幾個人去執行的時候，做之前要反覆考慮，把事情看到底、想清楚。一旦決定，各部門就必須死打硬拼。

如果做一項事情有一百個環節，一個環節出了差錯，使得隊伍不能在指定時間到達指定的地點，整個戰役就會全軍覆沒。所以公司需要「只講功勞、不講苦勞」的進取精神。

■聯想的骨幹，帶隊伍更要懂得求實。不僅僅是指踏實做事，求實還有一層意義就是建立信譽。柳傳志不斷追求的就是這個「信」字。而取得公司員工的信任，更是聯想事業成功的保證。聯想必須以高度的責任感爲所作的決定負責，必要時要不顧一切爲諾言負責。聯想要求骨幹，特別是年輕人，要牢記把「不說大話、取信於用戶、取信於同仁、取信於領導」，作爲在聯想的事業上求發展的基礎。

■聯想的骨幹，要眞正有爲民族做一番事業的理想。即使以後公司的員工在生活待遇、住房條件、勞保福利等方面達到一個相當寬裕的水平，還要不斷擴大事業，還要冒風險，還要求進取。珍惜爲中國科技改革道路做一個開路先鋒的機會，用聯想的成功帶動更多的人走這條路，帶動更多的企業打到海外，爲中華民族爭光。

在「人模子」培訓中，聯想的骨幹和接班的隊伍只有進入這個「模子」，才能眞正實現「百年樹人」的宏偉目標。

「人模子」培訓工作十分艱難。柳傳志透過下列三件事，辦好「人模子培訓」的工作：

一、辦好聯想管理學院

公司把這項工作列入歷年的重點工作之中。管理學院有系統地對學員進行「人模子」教育，是聯想人的必修課，也是新員工的入門課。這樣的培訓每年有六、七期，一九九八年更達到每月一期，每期一周。

新員工在「人模子」教育中，必須學習瞭解聯想集團的創業史，通常要請老員工與新員工座談，新員工要了解聯想集團的管理制度，了解聯想是什麼性質的公司，公司的目的是什麼，個人與公司是什麼關係，怎樣處理自己與其他員工、企業及國家的關係。

新員工的「人模子」教育，主要強調兩方面的重要內容，一是「五%的希望變成一〇〇%的現實」的企業精神教育，一是培養員工既合作又競爭的團隊意識。首先是企業精神教育。聯想人引以爲傲的是他們曾把只有五%希望的事情，透過拼搏進取的努力變成了一〇〇%的現實。

其次是團隊意識教育。除了講解團隊精神的重要性以外，還配合許多活動。聯想把新員工臨時分成幾個小組，要求每個小組的成員之間要儘快接觸和瞭解，很快形成一個集體。各小組之間有一些競賽性質的活動內容。在各小組中大家要透過某種方式選出一個自己信任的「核心人物」——小組組長，負責組織整個小組的活動。然後在小組長的帶領下，制定自己的目標和措施，並展開準備活動以爭取達到目標。這一活動的實質內容就是聯想的管理三要素——「搭班子、定戰略、帶隊伍」。透過這樣的教育和活動，新員工很快明白了團隊精神的意義，而且還學會了聯想老一輩經過多年摸索總結出來的工作方法。

二、加強組織對員工的思想教育

聯想各大部門設有一個專門負責管理和思想工作的副主任經理，瞭解員工的思想動態，關心員工的生活，使員工有困難時能有依靠，有問題時能有地方傾訴。只有把員工當成大家庭的成員，員工才會眞正產生主人翁責任感。

三、每周六召開學習討論會

每星期六下午抽出兩個小時，由各部門分別召開學習討論會。透過這種方式，聯想統一員工的思想，更深入地瞭解公司總的戰略意圖，及時總結本部的工作，展開批評與自我批評，增強凝聚力。

經過以上種種步驟，聯想的「人模子」培訓才算告一段落。

最大的難度是社會的大環境和聯想所要求的環境有很大的差別。如果「模子」的強度不夠，就會被壓垮，或者是進入別人的「模子」。社會上長期形成的大鍋飯、平均主義思想根深蒂固，吃回扣、謀私利等惡劣作風也不斷地在擴散影響。這些都會對聯想「人模子」起了阻礙作用，聯想要辦成一個長久性的公司，實現經營目標，就必須解決這個問題。

從「縫鞋墊」到「做西服」

柳傳志認爲，培養一個戰略型人才與培養一個優秀的裁縫有相同的道理。不能一開始就給他一塊上等毛料去做西服，而是應該讓他從縫鞋墊做起。

很多企業領導在提拔單位幹部時常犯一個毛病，就是「揠苗助長」。柳傳志也曾犯過這個錯誤，但很快意識到這種錯誤的根源是急於求成。從那以後，柳傳志雖然也常常提拔年輕幹部，但在提拔年輕幹部的過程中學會了耐心，具體地說，就是按部就班培養人才。

柳傳志這種培養人才的方法有一個形象譬喻，叫做「縫鞋墊」與「做西服」。什麼意思呢？柳傳志認爲，培養一個戰略型人才與培養一個優秀的裁縫有相同的道理。不能一開始就給他一塊上等毛料去做西服，而是應該讓他從縫鞋墊做起。鞋墊做好了再做短褲，然後再做一般的褲子、襯衫，最後才是做西服。不能揠苗助長操之過急，要一個一個台階爬上去。

在聯想有很多這樣的例子。一九八八年，郭爲成爲聯想集團第一位有工商管理碩士學位的員工。他先從秘書做起，然後到只有五個人的公共部做經理。一年後他又去做集團辦公室的主任經理。在以後的五年裡，他做過業務部門的總經理、企劃部的總經理、負責過財務部門的工作。一九九四年，柳傳志又把他派到廣東惠州聯想集團新建的生產基地，讓他去學習蓋廠房，然後又讓他去香港聯想負責投資事務。郭爲在聯想集團工作十餘年，經歷的職務變動近十次，每一次都是不同類型的業務內容，他也曾犯錯被責怪。但今天他確實已經成長爲年輕一代聯想員工中的佼佼者。

聯想集團另一位年輕的領頭人楊元慶，也是一九八八年到聯想工作，來之前是中國科技大學的碩士研究生。楊元慶在聯想是從推銷員做起，大約兩年後，擔任一個小小的業務部經理，他利用與美國HP的業務關係潛心學習該公司的管理，不僅使自己任職部門的營業額有很好的增長，而且成爲一支十分優秀的隊伍。隨後在個人電腦事業部，楊元慶帶領一群人拼搏，使聯想電腦市場份額兩年間獲得很大的飛躍，一九九六年更是在中國電腦市場一馬當先，令許多同業廠家刮目相看。

以上這兩個例子充分說明了與中國其他企業相比，柳傳志在培養人才上的耐心是少見的。

一九七九年之前，因爲沒有競爭，中國企業對人才的培養基本上是論資排輩熬年頭。一九七九年以後，又走到另外一個極端，突然提拔直線上升，一年之間職務連升三級的現象屢見不鮮。而柳傳志對待人才的這種做法，在一些人看來似乎過於保守。聯想內部確有一些有才華的年輕人對此感到不解。有些人離開了，有些人不再像剛開始那樣意氣風發。

但根本上，聯想這種縫鞋墊的做法是成功的。今天聯想能夠有一大批年輕的總經理領軍作戰，是得益於八〇年代末就開始的人才焠煉。有點像中國古代手工坊裡師傅帶領徒弟學手藝的情景。師傅和徒弟都必須有耐心、有耐力，要有跑馬拉松的準備而不是短程衝刺。內地有些企業辦不大，總覺得不光後繼乏人而且眼前也乏人，關鍵原因是準備不足和焠煉不夠。

日本企業有兩種普遍的現象在中國企業中很難見到。一是日本的企業老闆對人才的訓練非常自覺、並且近於苛刻；二是日本企業裡的人才，哪怕十分優秀的人才，一般都有接受長期磨練的心理準備。

日本企業的優秀人才，五、六年才獲得一次職務的升遷，在人們看來是很正常的事情，並不覺得升得太慢。但在中國企業裡，企業領導者大多數甚至九十%以上的時間都不會用在人才的訓練上，而企業中稍有才華的青年如果一兩年得不到大的職務提拔，就可能產生被壓制的抱怨，這是中國企業與日本企業一種普遍的差別。

中國企業的老總們不習慣去磨練一個自己認爲很優秀的人才，他們認爲那樣做是折磨、壓制人。當然，反過來他們自己作爲人才的時候，可能也不願意接受這樣的磨練。儘管我們說「眞金不怕火煉」、「路遙知馬力」，但那可能是說給別人聽的。而聯想則完全不一樣。在這一點，聯想看起來更像個國外企業，而不是中國企業。

柳傳志在聯想訓練人才、磨練人才時，同時建立一個良好的企業內部環境。老一輩的聯想對企業有著至深的感情和很強的責任心，儘管他們絕大多數人已退居二線，但他們對那些正在一線的年輕人格外關注，對他們的一言一行都有評價。這種氣氛使得那些希望大有作爲的年輕人必須克勤克儉、小心做事。

聯想的兩個領頭人柳傳志、李勤是老、新一輩之間的一座橋樑，又是他們各自的代表。柳傳志經常分別與老一代及新一代聯想人開會溝通。溝通的基礎很好，所以能夠創造一個良好的環境。在聯想奉行「縫鞋墊」的措施之後，已經接近形成一種共識，聯想不適合那些急於出人頭地的人。不做好「縫鞋墊」的準備，即使來到聯想恐怕也很難獲得機會。

沒有天花板的舞台

在幹部選拔上，柳傳志堅持「在賽馬中識別好馬」。不看誰有值得誇耀的過去，而是看他在同樣的工作環境和條件下到底做得怎樣。

柳傳志善於用人，這一點不容置疑，否則也不會發展到今天這樣的規模。但他到底如何用人，有什麼成功秘訣，卻是眾說紛紜。柳傳志對此的回答是：「我沒有秘訣，只是提供了一個舞台，讓員工充分表演罷了。」聯想成功的關鍵在於，它提供了一個「沒有天花板的舞台」！

隨著中國資訊產業的發展壯大，類似聯想集團這類規模的企業，已經成爲大學畢業生就業的首選目標。但是聯想的魅力究竟在哪裡？聯想的用人體制是爲何？大學畢業生如何才能適應高科技產業的需求，並發揮應有的作用？

聯想從一家資本額二十萬元人民幣的小公司，發展成如今的一萬多名員工、年銷售收入數百億元的大型集團。人，是生產力中最活躍的因素，在現代企業特別是高科技企業中，優秀的技術類、管理類人才更是起了不可替代的作用。縱觀聯想的成長軌跡，可以說，其成長歷程就是重視、重用人才的歷程，聯想在爲人才創造出一個又一個發展空間和舞台的同時，自身也創造出了一個又一個讓人興奮不已的奇蹟！

十幾年來，柳傳志摸索出一套具有聯想特色的用人理念，形成了獨到的人才觀和用人理念。首先，他提倡「不拘一格降人才」，不唯資歷、學歷，重在能力和業績。其次，柳傳志看人重於看事。所謂「小公司做事，大公司做人」就是提倡以人爲本的文化理念。

聯想要求各級幹部重工作，更要注重人才的成長，提倡一層帶一層，層層發揮發動機的作用，在尊重人、理解人、關心人的過程中實現造就人的目的。

另外，柳傳志還把自身的發展與人才的造就聯繫在一起，給每一個人才提供沒有天花板、可以盡情施展才華的舞台。所謂沒有「天花板」，就是沒有盡頭、沒有任何限制。聯想是一個重視人才的企業，不僅廣納賢才，還對人才傾注了大量的心血，不惜代價去創造機會，提供舞台。對每一個人才而言，也許不是所有的舞台都能適合，但聯想總能爲他找到一個適合其發展的舞台，而且是「沒有天花板的舞台」。試問只要是眞正的人才，有誰不能在聯想脫穎而出，成就一番事業？

今日聯想是一個年輕人聚集的地方，全體員工的平均年齡二十九歲，員工中八成以上擁有本科或本科以上的學歷；員工從進入到提拔爲幹部的最短時間爲三個月，遠遠低於大多數公司的試用期。在聯想的新員工當中，有相當一部分是應屆畢業生，他們儘管缺乏實際的工作經驗，但拼勁十足，聯想有系統的培訓制度和靈活的職務變動，使他們能夠很快地完成由「校園人」到「企業人」的重要角色轉換。

在聯想，衡量一個人是否有進步的標準，是看這個人的進步是否超越了整個ＩＴ業界的發展速度，這在客觀上也使老新員工很容易就會在同一條起跑線上相遇。有人甚至將聯想比作一所大學，在這所大學裡，年輕人透過磨礪人格、不斷學習，尋找自己「木桶理論」描述的那塊「短板」，學知識、學技術，更學會做人。

從所有制上來說，聯想隸屬於中科院，是國有企業；但從運作機制上來說，又是民營的機制，需要依靠自身的實力來承擔風險。因此柳傳志在實際的經營運作形成了靈活、獨特的用人機制。

在賽馬中識好馬

聯想選拔人才的流程非常嚴格，在對應聘者素質、能力綜合評價的基礎上，還要經過測試、面談、試用等多方面考察。聯想根據被錄用者的情況，安排其在適合能力發揮的職務工作，如果現有職務仍不能發揮其能力，還可以再進行部門內部的職務調整。決不輕易放棄，「物盡其材，人盡其用」是聯想對人才負責的一種態度。

一匹在賽馬比賽中獲得勝利的馬才是眞正的好馬。對於朝氣蓬勃卻缺乏經驗和磨礪的年輕人，柳傳志特別提倡成長論，即所謂的「縫鞋墊理論」。年輕的聯想人可以先從基礎工作即從「縫鞋墊」開始做起，隨著能力一步步提升再去做褲子、做上衣，直至做套裝，一步一步，循序漸進。

聯想有一套相對完善的職務責任體系，清楚地界定每個職務的責、權、利，每個員工都清楚自己的職責、目標和權利，並按照正確的流程和方法去操作。考評是衡量每個人工作情況的重要手段，透過一套基於職務責任體系的考評體系，聯想按期對全體員工進行公開、公正的嚴格考核，對個人的業績和表現給予準確的評價。

與此相關的是聯想獨特的激勵機制和淘汰機制。對於表現突出的人員，採用及時獎勵、季度年度評優、出國公費、帶薪休假、升職加薪等多種獎勵方式；對於表現不如人意、不稱職或不合格的人員，則實行按比例淘汰。柳傳志一再要求各級幹部要充分發揮伯樂的作用。對於重要職務實行內部公開招聘，爲那些有能力、有潛力的人才提供了脫穎而出的機會。

柳傳志制訂了一系列有利於人才發展的保障制度。在薪資方面，以具有競爭力的薪資來體現員工當期的責任與貢獻，以年終獎勵基金體現員工的年度業績；在福利方面，社會養老保險、社會醫療保險、住房公積金等政策解決了不少員工的後顧之憂。給予員工認股，讓聯想員工的利益與公司的整體利益緊密結合在一起。

當前ＩＴ業快速發展加速了知識更新，柳傳志爲了使員工們的素質能夠滿足時代的需要，不惜鉅資加強對員工的培訓工作。員工一進聯想的大門，就要參加公司人職培訓、集團「人模子」培訓、電腦公司輪崗實習等約四周的新員工培訓；之後還將逐步接受企業文化、通用技能、管理類、業務類等方面的各類培訓。具體的培訓方式包括脫崗培訓（留職培訓）和在崗培訓（在職訓練），其中聯想員工赴日研修就是脫崗培訓的一種。

拐大彎，不拐死彎

當某個員工不行時，有些企業領導人往往不願意再理他，等到找到合適的人就把他撤換掉。柳傳志把這種方法稱爲「拐死彎」，「一下就拐進山溝裡去了」。這種方式顯然有很大的缺陷，而柳傳志撤換幹部的方法是「拐大彎，不拐死彎」。

柳傳志認爲，發現一個人不適合現任的職務，離眞正要撤換他還有一段時間上的差距，此時，領導人可以再把幾件責、權、利十分分明的事交給這個人做。若做成了，說明領導人看得有偏差，這個人可以繼續做；如果沒做好，當面談一次，「這事你沒做好，你承認，那麼再交給你一件事」，如果又沒做好，再記下來；到了第三次還沒做好，這個人自然就會對自己是否適合現有的職務有了全新的認識。

在這個時候，領導人就可以和他談：「你當總經理可能不太合適，你是技術出身，做技術待遇都不變。」這時候實際被降職的人不會覺得自己被憑空撤換，心裡不會不服氣。另外，選誰當總經理，也徵求尊重他的意見，這樣一方面可以使他心裡好受點兒，而且，這樣選出的總經理，也會得到他的支持。大彎就這樣拐了過去。

「拐大彎，不拐死彎」同樣被柳傳志用在撤換產品業務市場上。當一個業務慢慢變得沒有市場，無法爲公司帶來利潤，這個時候，不能突然終止，否則會造成巨額的損失。這個時候，不能告訴市場要停這個業務，也不能告訴供應商，而是要先把自己的庫存悄悄地清空，做好人員調動去處的安排，等這些都妥當了，最後宣佈終止業務也不遲。很多國有企業收縮企業的損失比經營企業的損失還要大，就是沒有把握好收縮的進度。

由管事到管人

柳傳志認爲，小公司的管理者是「命令型」地管事，大公司的管理者則是要管人。因此，把管理人才劃分爲：指導型、參與型和放手型。

作爲一個企業或企業部門的領導人，到底應該管事多些，還是管人多些？某企業家說得好：「管事容易，管人難」。因此，許多企業管事多於管人。但柳傳志認爲，作爲企業領導，既要管事也要管人，並從管事逐漸過渡到管人，因爲管好人才是管理的眞諦。在聯想，只有老員工才見過柳傳志發脾氣、推桌子的樣子。聯想把那時「窮兇極惡」的原因歸結於仍處在「命令型」的管事階段。因爲是以管事爲主，最終要以事情是否做得成與做得怎麼樣爲唯一的衡量標準，所以，管事的人看到事情在推進過程中出問題，一定最著急。

處在「命令型」管事階段的管理，因爲是對屬下進行直接安排，所以，對部下基本素質的要求不是那麼重要。柳傳志表示：「一個小公司十個人，大小事情全要聽總經理吩咐，因此找十個大專生也就夠了，因爲全是總經理一個在思考、規劃，底下的人全部是執行而已，做不好就罵他們。」小公司的管理者是「命令型」地管事，大公司的管理者則是要管人。

柳傳志把大公司管人的管理劃分爲：指導型、參與型和放手型。他認爲，自己現在的管理大多是參與型的管理，不再具體管事，而且是在有意識地放鬆對某些事情的瞭解，「要不然的話，我不自覺地就要發表意見，一說，人家是聽還是不聽？」

柳傳志認爲，楊元慶、郭爲的管理大多是「指導型」管理，所謂指導型管理，就是在某件事情上，管理者說個意見，大家聽聽怎麼樣，發表一下意見，最後做個結論。而「參與型」管理，則是大家說意見，管理者聽著，管理者提建議，更多的是讓人家說，讓大家提出思想、出新想法，管理者頂多是啓發他們如何去想新想法；而「放手型」管理則是「你們來吧！我純當製片人」。

「命令型」管理階段，以做事爲主，員工素質較低，不必過分在感情上和他們溝通。但是管人的管理，情感交流則顯得尤爲重要。柳傳志不相信距離會產生美，他願意和他的下層靠得很近，進行近距離的溝通，把自己全部主張，包括性情全告訴對方。爲了做好參與型的管理，實現由管事到管人，柳傳志現在要求自己，由假裝不管到眞的不管，變成眞的不知道。

有一則寓言在這方面給了柳傳志很多的啓示。寓言講的是春秋時期，有三個相馬的，某甲、某乙、某丙，以某丙相馬的水平最高。

一天，甲和乙談論丙的相馬術。

甲對乙說：「聽說丙的水平又提高了。」

乙說：「什麼呀，最近，他連馬的毛色都弄不清楚了。」

甲說：「哦，那麼高了。」

乙急了：「什麼呀！他連馬的幾歲口都不清楚了。」

甲又驚訝地說：「更高了。」

甲是驚訝丙已經不用看毛色、牙口這些具體的東西，就知道哪匹馬是千里馬了。

他從故事中得到的啓示是：不該看的東西，要把它放開。「聯想到了這一步，我更多地是要考慮我手底下這些人，他們的特長是什麼，怎麼去找人，怎麼去培養人。而不是具體去主導事情，關心某件事情是怎樣實施的。」柳傳志的這番話充分解釋了聯想這幾年由管事到管人的轉變已被證明是非常成功的。

一山可容二虎，造就領軍人物

到底什麼是領軍人物？領軍人物就是這樣一種人：大到整個行業領域，小到一個具體任務，只要你把必需的條件給他，他就都能夠把事辦成。

在一個企業，或企業部門裡，常會出現「一山二虎」的情形，即一個部門有兩個強而有力的領頭人。聯想過去內有柳傳志和李勤，在外有楊元慶和郭爲。但聯想裡外都處理得很好，尤其是柳傳志和李勤，他們的成功搭配與聯想的用人哲學可謂是最好的呼應。

古人云：「一山不容二虎」，又云：「寧爲雞頭，不做鳳尾」。這種文化的影響是深層次的，身爲聯想二把手的李勤，是一個性格十分鮮明的人。在聯想恐怕沒有李勤管不到的事情，這樣一個副手，怎麼能夠和同樣十分強硬的柳傳志合作無間了十幾年？這些問題曾讓聯想以外的很多人感到迷惑。

就李勤看來，一、二把手能不能合作得好，不在於性格上的互補，而在於兩人的目標和方法論是否一致。「一山不容二虎」的假設是「二虎」的目標和方法論不一致；但如果「二虎」的目標和方法論一致，順著一個目標強硬下去，則更能夠快速有效地推進工作貫徹執行。

人最難的是正確地估價自己，在能力差不多時，很容易把自己估價得高一些，容易拿自己的優點比別人的缺點；在能力有差別時，不服氣的情緒會起決定性的作用；在待遇一樣時，還比較容易承認別人的能力比自己強，但如果別人的待遇比自己好一些，總有些不服氣。二把手要擺正自己的位置，這其中還存在著正視機遇問題，不能假設機遇。

柳傳志認爲，任何一個時期的英雄都是在一定的形勢下塑造出來的，當今這個時代，肯定當不了趙雲、張飛這樣的英雄。同樣，辦公總要有個一二三的排法。「我在這就是幹第二把手的活，我要是想幹第一把手的活，會到別處去幹，但不是在這裡幹。」李勤說。最後二把手還要過名利關。要想合作得好，二把手不能時常假想如果自己是一把手會怎樣？一把手也不能把二把手當作自己的假想敵。

李勤表示：「像柳總誰敢輕易給他提意見，不就是我嗎？」這種互相提醒基於的是互相信任。李勤和柳傳志意見不一致時，解決的辦法是面對面地溝通，舉好多例子說服對方，說著說著，一方的聲音越來越小，意見也就統一了。柳傳志和李勤的這種合作方式，自然會影響到聯想的其他人，並形成一種企業文化，後面的楊元慶和郭爲，他們之間良好的合作關係也就可以想見了。

領軍人物應是一台大型發動機

俗話說：「車無頭不行」說的是一個企業，或企業部門不能沒有領軍人物，沒有領軍人的企業或部門，就像一列沒有車頭的火車，動不了。在聯想的用人哲學裡，非常重視對領軍人物的培養，對領軍人物的培養從某種意義上也是培養接班人。在聯想，柳傳志培養楊元慶、郭爲就是一個最經典的例子。

到底什麼是領軍人物？領軍人物就是這樣一種人：從大到整個行業領域，小到一個具體任務，只要你把必需的條件給他，他就都能把事辦成。國外企業的領導人和聯想的企業領導人不一樣，這是因爲聯想的企業管理與他們不是在一個平台上，他們的平台是一個已經有了很好的作業系統平台，再在上面做應用軟體；聯想則沒有一個完整的作業系統，中國的情況是多變的，聯想的領軍人物水平要高到自己能寫作業系統、能完善作業系統，並在此基礎上做應用軟體。

聯想將來不管企業發展到多大，都必須保證在一個安全的環境下運行，怎樣能夠保證不在改革中犯錯誤，類似的問題都屬於領軍人物應當考慮的。聯想確實已經有了這樣的領軍人物；雖然還爲數不多，但也能夠稱得上是一小批。柳傳志堅信，不論把他們放在哪兒，都能把事做成。

領軍人物一個重要的方面就是要講究管理方法和思想方法，要善於總結，對事情能夠分析透徹。聯想有不少人已具備領軍人的雛形。柳傳志眼中一個眞正的領軍人物應當是一台大的發動機，而下面是許多小的發動機，這樣整個系統就能運行得很好。到一定情況下，小的發動機拉出來，就能做大的發動機。領軍人物成熟了，聯想進軍哪個領域會不行？聯想兼併哪家企業會不行？

對於領軍人物的培養，柳傳志一直是非常重視的，並充分研究了領軍人物的標準：領軍人物應當具備什麼樣的基本條件？應當具備什麼樣的「德」和「才」？其實，「德」比較好描述，最基本的是責任心，然後是上進心昇華爲事業心。

關於「才」的問題，涉及的面比較廣，而聯想強調有「才」就必須有悟性。實際上，把「管理三要素」弄透、弄清楚，是個悟性問題。而悟性就是舉一反三，舉一反三是一個人對成功和失敗的反覆總結。善於總結的人才有可能被培養爲具有前途的領軍人物。

柳傳志認爲，聯想現有的幾個領軍人物遠遠不夠，還要培養出更多的領軍人物，才能實現目標。聯想在網路、筆記型電腦、外設、伺服器，以及在消費類產品上，都要有一個比較大的突破，這些關鍵在於要有領軍人物的出現。所謂領軍人物，須從四個方面來看：

■要有獨當一面的能力

一、業務能力

這是一個很簡單的道理，賣筆記型電腦的人連操作都不會，就很難去賣；賣網路的，如連網路的基本知識都不會的話，網路產品也賣不出去。管理上也有一個專業的問題，因此，聯想總結了一個規律：凡是沒有專業人士的地方，那地方肯定亂。

二、要有人際關係的協調能力。

有些人非常能幹，但他當不了幹部。爲什麼？因爲他就只能想自己那點兒事情，事情本身他做得讓你特別放心，但是跟別人打交道，他就出麻煩。這種人再聰明，也不能成爲領軍人物。

有人講IQ和EQ的關係，就是說你再聰明，但不可能對局面控制。沒有人際關係的技巧，你怎麼影響別人？只能自己做。所以聯想經常講：「從自己幹到帶著別人幹，是一個飛躍。」這個飛躍就在於你有人際關係的協調能力，能夠激勵別人和你一起去做事情，那你也就具備了一種管理能力。

三、戰略的能力

每個人在成長的過程當中，都需要用戰略的眼光看問題。爲什麼有人目光短淺，有的人卻站得高看得遠，高瞻遠矚，其實最核心的問題就是這個人有沒有戰略的能力。如果不具備戰略的能力，你就永遠只能看到眼前這點事情，低頭看腳底下，看不到更遠的地方。柳傳志常說：「我們要退得離畫面遠一點。站得很近，可能就繞不過去這個環節；退得遠，可能就很容易解決。」這就是一個領軍人物應該具備的基本素質。

隨著管理工作的不同，對不同人管理能力的比重也有所不同。比如從掌管全局的角度看，對柳傳志戰略能力的要求就更高一些，對基本業務的要求就低一點；在基層工作的人，對基本的業務能力需求更高一點，對戰略能力的要求低一點。

■要能熟練掌握「聯想的三要素」

一、搭班子

在過去，聯想對搭班子比較重視，但業務部的分公司離要求還有很大差距。差距在哪裡？班子基本上都有，一正兩副、一正三副，但班子的質量離要求有較大差距。

二、定戰略

大家要研究自己產品的特性，自己所經營產品的特點，研究你的競爭對手。這個競爭對手不僅僅是平行的競爭對手，還包括上家以及你的下家、客戶。把周圍所有的環節都看做是競爭對手，所以現在講競合策略，合作的時候也是一種競爭，競爭的時候也是一種合作。把這些環節研究透了，那麼每項事情的成功率就比較大了。

這一點，正如聯想強調的：不是「蒙著打」，而是「瞄著打」。我們不僅看結果，更是要看過程。要把指標分解，分解到每一小塊，分解到每一個區間裡，要看我們做這件事是蒙著打出來的，還是瞄著打出來的。不然的話，完成了任務，也不知道是怎麼完成的；沒完成任務，也不知道是爲什麼沒完成。所以不怕沒完成任務，只要把各方面分析到了，自然能完成。

三、帶隊伍

一個好的領軍人物，確實要有領袖的風範，他應該能夠帶隊伍。當然，在帶隊伍中，有職務責任制、企業文化的建設、激勵政策等等一系列的內容。但是首先有一條，作爲領軍人物，應在德、才方面有極高的信譽。聯想經常講，一個人的管理不是靠權力而是靠權威，是靠他的智慧和才能。你用權力只是讓大家跑遠，如此一來隊伍就帶不起來了。你可以組成一個方陣，但不是一個有活力的方陣，只是一個很死的方陣，一旦你失去權力，你將什麼都沒有。所以，聯想希望培養的領軍人物應該能帶隊伍。

要把上進心昇華成事業心，什麼叫上進心？什麼叫事業心？無論年紀、性別，大家都不希望被別人說這個人不行，都希望被人說行，這就是上進心的表現。如果沒有上進心，大家都做不成幹部，都在混日子。但是把上進心昇華爲聯想的事業心，確實是一個非常痛苦的過程。有一些幹部，或一些人力，非常能幹，但是不好用。爲什麼？他個人的利益和整體的利益沒有辦法融合，他不是透過整體的利益來實現個人的利益，而是首先實現自己的目標和利益，然後才看集體。這種情況，他只有上進心、沒有事業心。

柳傳志在選擇領軍人物的時候，一定選擇那些把事業心看得很重的人。在他看來，聯想員工做一件事情的時候，都存在犧牲自己利益來維護整體利益的問題，不然這個事情做不成。過去聯想常假設自己是一艘大船，整體上這艘船不是最快的，但能保證這艘船上每一個人的利益與大船整體利益連在一起；相反的有些小船可能跑得很快，但很快會翻。

聯想也這樣看上進心和事業心：你可以有很強的上進心，可以自己辦企業，可以賺很多錢，自己成名成家，聯想這樣的人也不少，有些人不願接受聯想集團總體的效益，他就想自己成名成家，那就離開，這沒什麼不好，也不是說這人多麼差，但在聯想工作，就要把上進心昇華爲事業心。

要人與事並重

其實每個人的個人經歷、成長過程，都會在你未來的工作當中打上烙印。柳傳志常講，管理不是科學，而是一門藝術，就是因爲管理所要面對的事情太多，它不是那麼簡單，它就像音樂一樣，透過演奏家、指揮家、各種器樂的配合，以藝術的表現來淋漓盡致體現風格的。

任何一種管理，也都是有風格的，聯想的風格就是柳傳志的管理風格。這裡面有非常強的藝術成分。在別人看來，不見得完全理解，比如唱聯想歌，比如說聯想在組織體系的建設，但這就是柳傳志的風格，是聯想藝術的地方，聯想這麼做，而且聯想成功了。柳傳志在做很多事情的時候，經常想到這一點：事業不是一個用科學的數學公式能表達出來的，它裡面還有大量的藝術成分，這也包括前面講到的要有協調和人際關係等等。

因此，柳傳志把人與事兩者的關係結合起來看。過去柳傳志經常講，一個三條腿、四條腿的桌子，你不能把一個腿擰得特別緊，你一旦把一個腿擰得特別緊，另外幾條腿就擰不上了。需要先擰擰這個、再擰擰那個的過程。其實人員管理也是這樣。一個團隊裡面，某人因太先進了挨罵，太落後了也挨罵，所以出現一個中庸之道。

做領軍人物就是讓一群人用統一的步調一起往前走，就是要調調這個再動動那個，不能把某一塊做得太快，一旦太快，整個就失去平衡。在管理當中，一定要注意人與事並重的問題。

過多的看重人而不看重事，柳傳志認爲是滑頭，整天搞階段鬥爭；但只看重事而不看重人，是頭腦簡單的表現。一個管理者的成熟，就體現在把二者結合起來。要想成爲領軍人物，一定要時時刻刻注意這個環節。

■要負得起責任

美國管理大師彼得．杜拉克認爲要想成爲，一個領軍人物，你更多承擔的是一種責任和任務。

柳傳志始終強調一點：責任和任務。隨著企業慢慢做大，聯想管理的複雜程度不斷地加深，確實許多東西有不明確的地方，但作爲一個未來大企業、大公司的領軍人物，必須首先明確自己的責任是什麼，任務是什麼。很多東西是一個逐漸明確的過程。市場是不等人的，就像一個馬上要死的人做手術，你絕對不能跟他談這個手術要多少錢，沒錢就不治療，救死扶傷是人道主義精神。他說：「聯想面對的是一個市場，我們提出的所有管理理論都是落後於我們實踐的，包括4W理論，都是實踐先有，才有理論出來。只不過我們要用理論進一步指導實踐，使我們的實踐更加規範化。因此，任何一級的管理，都是一種責任和任務的體現。要把自己培養成領軍式的人物，就必須按上述幾條要求自己。你的基本素質，聯想的三要素，人與事的並重，如何面對責任和任務。這些事情，一定要先想清楚，做到這幾點，你才可能成爲領軍式的人物。」

柳傳志有一觀點：辦公司就是辦人，以人爲本聯想已經深刻體會到了，聯想成功機率有多大，關鍵取決於兩點：第一點，聯想現有領導者的素質是否能夠適應二十一世紀進入財富五百強的要求？是不是一個國際化的領導？這對聯想是一個挑戰；第二點，在聯想這樣一個企業文化、這樣一個環境中，能夠培養出多少個獨當一面的領軍人物？

理解聯想「領軍人物」的作用和意義是：一讓他們「爲聯想品牌增值的同時，也爲個人的品牌增值」。二讓他們「在聯想做主人的事業，做事業的主人」。當然，這也是對每位聯想人的——價值評判。

全方位激勵

> 目標是最大的激勵，給員工一個值得爲之努力的宏偉目標，比任何物質激勵來得實在，也比任何精神激勵來得堅挺。

在企業的人力資源管理過程中，激勵是非常重要的一環。沒有激勵，動力從何而來？激勵可分爲「物質激勵」和「精神激勵」。

柳傳志堅信，目標才是最大的激勵，給員工一個值得爲之努力的宏偉目標，比任何物質激勵來得實在，也比任何精神激勵來得堅挺。爲此，他要求每一個職員必須符合聯想精神的要求，即「清清白白做人，光明正大幹事，勤勤懇懇勞動，理直氣壯掙錢」。聯想提高激勵原則，鼓勵形成「求實、進取、創新」的工作價值觀，而不是利用工作之便謀取私利。

柳傳志的「目標激勵」在不同時期有不同的做法。從激勵物件來看，聯想的變化顯而易見。第一代聯想人全是中科院計算所的科研人員，他們的年齡在四十歲至五十歲之間，擁有學識但自覺得不到施展，一面看著國家落後，一面是自己不能更好地爲國家多做一點事。所以這批人精神的要求很高，辦公司的目的一半是憂國家之憂，另一半是爲了證明自己擁有的知識能夠變成財富。

但進入九〇年代以後情景不同了，大量進入中國的外資企業、合資企業以及像聯想集團這樣的新型企業，都在張開雙臂歡迎各類人才，這是特徵之一。第二個特徵是大量流動的人才，除去實現自我價値的理想以外，還有比八〇年代更明確的物質要求。這其中包括工資、福利和住房。

造成這種變化的原因主要有兩個。首先是這批三十歲左右的年輕人，既看過長輩在物質方面的貧窮，也親身經歷過貧窮。同時也知道富裕給人們帶來難以抵擋的誘惑，因此他們害怕貧窮。其次是人才市場經過多年的孕育已經初步形成，嚴格按商品經濟規律辦事的外資企業、合資企業和新型企業可以不按政府規定的工資標準給人才開出高價，只有國營企業這個時候還在執行統一的工資等級制度。

偏向理性的職業觀念

這種變化給柳傳志的目標激勵提出了新的課題。在以前，中科院計算所仍然可以每年向聯想輸送一定數量的人才，但聯想發展的速度太快，僅憑計算所的支援不能使它解渴。它需要一個更大的水庫，而這個水庫就是社會。從這時候起，聯想面臨最重要的任務就是它的激勵機制。儘管很多老一代聯想人已成爲中流砥柱，儘管由他們創立的聯想文化和價值觀已經足以實現聯想「撒一層新土，夯實」建設隊伍的方針，但是大量湧入的新員工還是給企業帶來一些問題。新一代聯想人承認集體的作用，但是很難做到像老一代聯想人那樣甘願做一顆默默無聞的螺絲釘。他們強調自己與眾不同的價值，必須在工作中明顯表現自己的作用。如果在這個方面聯想不能使他滿意，他就可能出問題。

另外，新一代聯想人顯然對事業和理想的追求與老一代聯想人一樣強烈。在他們看來，這完全是必要的，他的工作值多少錢企業就應該給他們多少錢。企業如果要求他們提高覺悟，在物質方面完全向老一代聯想人學習，他們便可能認爲這是愚昧，因此出問題。

在職業觀念方面，聯想的情況更接近美國，而與日本截然不同。美國人的職業觀念比較理性，而不帶什麼感情色彩，在聯想人看來比較自私。只要對企業稍有不滿意，他就會拂袖而去，哪怕跑到競爭對手企業裡去。有時候美國人跳槽甚至不需要什麼理由，只要有人開出的價碼比他所在的企業高，他就可以堂而皇之向所在企業辭職。

日本的跨國企業，在美國開設分公司就不時會遇到這樣的情況，對此他們很不理解。在日本，這樣的情況幾乎是不可能發生的。所謂日本企業的家族管理，主要體現在企業主對員工負責和員工「從一而終」的職業觀念上。日本有些人當企業遇到困難的時候，可以減薪甚至停薪而依然爲企業工作。在他們看來，企業是自己的家，爲家裡作貢獻是不應斤斤計較的。美國人的職業觀念表明企業是企業，家庭是家庭。日本人的職業觀念表明企業是大家，老婆孩子是小家。聯想如今的情況更與美國相近。

一九九〇年以後，聯想員工的薪水收入大幅度提高，其原因如下，一是國家物價水平上漲，二是聯想自身累積的高速成長。還有兩個原因則是員工對激勵要求的變化，以及福利方面也有了突出的變化，例如一九九一年至一九九五年爲員工解決的住房有二百多套。三十歲出頭的聯想骨幹絕大多數享有三室一廳的住房，這在北京已足以令人羨慕。員工每年還可以有十天的帶薪休假。

但是，這些措施只是柳傳志在聯想主導的激勵機制變化的一小部分內容，更重要的變化是它的管理體制的變化。聯想集團轉由以往強調中央集權的「大船結構」管理模式向集權分化相結合的「艦隊模式」逐步轉變。從兩種管理模式的對比來看，「大船結構」更適合於一個規模不大的企業，更強調集團主義，而「艦隊模式」則適合規模較大的企業，在強調集團主義的同時提高了對部門和個人尊重。

精神激勵轉向物質激勵

以聯想集團的銷售體制爲例：一九九二年以前，聯想以業務部的體制界定它的銷售體系。業務一部下設若干個產品銷售部，業務二部下設全國各地十幾家銷售分公司。公司每年給這兩個部門下達銷售任務，主要是營業額和產品數量。利潤指標是無需下達的，因爲各項成本指標和價格政策都由公司決定。業務部完成任務之後由公司發給超額部分的獎金。這種銷售體系的特點是經營決策的權力在公司，而不在業務部。對於早期的聯想在形成產品市場和建立強大的市場網路方面，尤其是在形成規模和企業主體文化方面，這一體制發揮了十分重要的作用。這也是聯想能夠迅速發展有別於同時期其他一些企業很重要的方面。如果說，聯想過去的目標激勵著重精神方面的話，那麼聯想今天的目標激勵則著重物質方面，這一點，從聯想給銷售人員下達的利潤指標便可看出來。

在任何企業，物質激勵都是不可或缺的。只強調精神激勵在過去或許有用，到今天已經過時了，問題是，物質激勵應採取何種方式方能奏效。柳傳志對員工的物質激勵主要表現在分配制度上，這是由聯想獨特的體制所決定的，也是從今日聯想所面臨的形勢所決定的。

一九九三年，聯想集團的銷售體系由業務部轉向事業部體制。事業部體制是以產品類型組建的銷售部，這種做法與美國的寶潔公司有些類似。產品事業部採用類比利潤中心的方式進行單獨核算，並不眞正具有法人地位。總公司向各個事業部下達利潤目標和營業額目標，事業部沒有權力超出公司批准的經營專案去經營其他產品，這就保證了公司能夠向既定的方向去獲得良好的利潤。同時，事業部的權力和利益比之前的業務部都有了很大變化。

事實上，由於事業部承擔的是利潤，成本與價格的權力都在他們自己手中，經營決策權力便由公司轉移到事業部，這使得他們完全像一個獨立的企業一樣進行自主經營。這對聯想事業部的員工來說是很重要的，他們會感覺自己的價值和作用，因此能夠受到很大的鼓舞。老一代聯想人沒有能夠得到的滿足他們得到了，從這個意義上看，老一代聯想人爲他們創造了一個美妙的舞臺，眞正是「前人栽樹，後人乘涼」。

三十多歲便能夠運作幾億的資金，經營著十幾億營業額的市場，這種機會並不是所有國有企業的年輕人能夠得到的。甚至很多大中型國營企業的總經理，做管理者數十年，也從來都沒有獲得過如此大的權力。現在，經常代表聯想集團接待政府領導、與外商談判的年輕人，在各種場合都可以感受到別人投來的羨慕目光。在面對著所取得的勞動成果時，他們會感到自己的價值得到了充分體現。而這些是柳傳志給予他們最大的激勵。

分配制度的轉變

柳傳志給員工的物質激勵主要表現在分配制度的轉變。過去聯想的業務部是超額完成營業額以後由公司發給一定數額的獎金。實行事業部體制以後，超額完成的利潤部分五十％以上繳公司，另外五十％由事業部自行處理，用於獎勵或者本部門福利。這樣的制度年輕人更樂於接受，因爲一切都是他們自己當家作主。爲公司多掙利潤和自己增加收入，他們努力學習經營，學習資金運作，壓縮成本，增加產出。

事業部體制剛剛實行的時候，公司並不敢大放手，因爲總經理實在太年輕，挑這麼重的擔子都是第一次。總公司只讓他們做一年的計畫，先把一年之內的事情分析透徹和做好。等到事業部體制摸索了兩年以後，總經理們得到了良好的鍛鍊，公司要求他們做三年的規劃，培養他們制定長遠戰略和建設隊伍的能力。

聯想事業部體制的實行是有阻力的，主要來自於公司的職能管理部門。在大船結構管理模式的那個時代，職能管理部門的權力很大，許多事情都必須經過他們批准。過渡到艦隊模式之後，他們的權力小了，做服務、做支持的事情多了，眞正管別人的事情少了。這當然會使他們產生一些不適應，並且發牢騷。聯想不斷組織他們開會，與個別職能部門的總經理溝通，加上實行事業部體制之後，聯想的經營形勢確實一片大好，反對的意見便漸漸少了。

第二種情況是如何培養新一代聯想人長期服務於企業的問題。眾所周知，進入中國的外資企業工資收入很高，稍高層次的人才月薪上萬甚至數萬元人民幣。使人才發生蛻變或者離聯想而去。在聯想確曾有過個人做事能力強，但不善於進行集團合作的人，在需要爲集體承擔責任或者自己需要做出一點點犧牲的時候，這種人會退而不前。柳傳志對這樣的人堅決不用。用什麼樣的人不單純是企業和這個人的問題，它還關係到企業裡其他的人向誰學習向誰看齊。如果我們重用那些有才華但自私的人，客觀上就會助長企業中的個人英雄主義和利己主義，所謂集體主義就成爲一句空話。而要培養集體主義，僅有分配制度上的物質激勵是不夠的，還需要強而有力的精神激勵。

從本質上說，前面講過的目標激勵也是一種精神激勵。聯想非常重視精神激勵，這一點和國外企業很不一樣。但從精神激勵的具體內容來看，聯想的精神激勵和其他中國企業也不一樣，它具體表現在——聯想經常對員工展開思想道德教育。

有人問聯想電腦總裁楊元慶，企業家如何管理好一個企業？楊元慶的回答是：「靠人格的魅力加上洞察力。企業能不能做好絕對和企業領導人的修養有關，和他的品行有關。」

一九九三年和一九九四年，中國降低電腦進口關稅，國外電腦公司一夜之間聯合起來，突然向中國市場發起了猛烈衝擊。一九九四年這一年，中國電腦一敗塗地。聯想第一次沒有完成自己的年度計畫，導致內部軍心不穩，甚至有人發出這樣的疑問：聯想到底還能撐多久？很多聯想員工與他們的領導一樣，心急如焚。

精神與物質激勵雙管齊下

這時柳傳志採取精神激勵與物質激勵雙管齊下，並採取三招：變直銷爲代理、精伍、四次大幅度降價。他用了整整半年時間走遍了中國的所有大中城市，把自己完全浸泡在市場中。半年過後，他們奪回了被「洋人」佔領的陣地。很快，聯想坐上了個人電腦亞太市場的第一把交椅。

柳傳志深知，光有愛國心，沒有愛國能力也是達不到精神激勵的目的。聯想擁有特殊的愛國主義精神：「扛振興民族計算機工業大旗，以振興民族工業為己任。」

一九八八年，郭為來到聯想，柳傳志簡單地問了幾個問題，卻對他講了聯想的理想：「出國並不是個人的目的，把公司辦到美國去，辦到世界去。」從此，郭為就認定聯想，「在那時刻，我就下決心要和聯想共成長。」

一九九五年十一月三十日，籌建多年的聯想惠州板卡基地舉行了隆重的開業慶典。在當時，柳傳志沒有激情飛揚、慷慨陳詞，而是說了這樣一段話：「我們正面臨著大兵壓境。我們曾面對過八國聯軍，現在則變成了十二國聯軍、三十國聯軍。我們現在是科技不如人家，管理不如人家，基礎不如人家，人才不如人家，獎金不如人家，實力不如人家。這個仗怎麼打？民族工業到底怎樣生存？現在我們還沒有體會到收穫的喜悅，但堅信今後會有收穫，因為我們心中畢竟有一口氣，中華民族要求進取的志氣。」

柳傳志的話大大地激勵了在場的聯想員工。多年後當傾注了聯想人無數心血的聯想惠州板卡基地傳來捷報時，聯想已經成為亞太地區最大的板卡生產基地。這說明，聯想的精神激勵取得了良好的效果。

聯想有一個獨特的說法，「人人都是發動機」。聯想認為，齒輪是被動轉動的，而發動機卻是要為企業增添新的動力。聯想的精神激勵，目的就是給「發動機」不斷加油，使他們加速動轉起來。聯想的激勵機制不但有廣度，還有深度，其激勵機制有四個層次，分別是目標激勵、分配激勵、精神激勵和競爭激勵。前面三個層次已經講過，下面講的是聯想卓有成效的競爭激勵。聯想的競爭激勵反映在它的用人觀念，就是爲每個人提供機會，讓每個人都有成長的機會，要在「賽馬中識別好馬」。

動態的人才培養過程

柳傳志對人才的培養是一個動態的過程，是一個實踐——認識上再實踐——再認識的過程。他認爲，最好的認識人才和培養人才的方法就是讓他去做事。聯想從一九九〇年開始大量提拔使用年輕人，幾乎每年都會有數十名年輕人受到提拔，一直沿用至今。剛開始的時候，多數年輕人一般都在副職的崗位上，由一個資深的聯想職員擔任正職，充當師傅的角色。

一九九〇年，聯想集團一共有十個大部門，其中三個部門的主任經理由年輕人擔任。在這三個部門裡，分別有一至兩位資深的聯想職員擔任副主任經理。在另外七個部門，主任經理的職務皆由資深聯想人擔任，但是在他們的身邊會有一、兩名年輕人擔任副主任經理的角色。當時還有一些三級機構，也就是一些小的部門經理，七十％以上由年輕人擔任。聯想在一九九〇年的組織機構是總裁室、大部門、大部門下的專業部等三級。五十名幹部中有二十名左右年輕人。在「賽馬中識別好馬」的競爭激勵機制就是從這個時候開始的。

以聯想當時的情況看，人員的年齡結構存在著一個很大的矛盾，那就是出現年齡斷層。

老一代聯想人從人數上約占當時總人數的四十%，平均年齡在四十六歲以上，年齡最小的也在四十歲以上。另外六十%是從學校和社會招聘而來，平均年齡在二十六歲左右，年齡最大的也不超過三十歲。實際上從三十歲到四十五歲這個年齡層出現了空白。這種情況可能導致的後果是什麼呢？

一是五年之後，也就是當老一代聯想職員需要退居二線的時候，聯想可能會後繼乏人，因爲年輕人還未成長起來。

二是五年之後，五十多歲的老一代不能退居二線，但電腦界的競爭日新月異，從觀念上，從市場競爭上，聯想可能會脫隊。

柳傳志及時意識到這一點。因爲從那一年開始，他就不斷地把年輕人推到前面，派去香港把老的聯想人頂替下來，全國各地的分公司總經理全部換上年輕人。柳傳志不斷召開各種各樣的會議，徵求對大量使用年輕人的意見。應該說當時公司內部的阻力還是很大，一方面是因爲老資格的聯想人當時的年齡還允許他們繼續擔任要職，另一方面確實也有年輕人在擔任要職以後出現了種種問題。

在一九九〇年、一九九一年兩年裡，關於年輕幹部的使用問題，柳傳志遇到的困難是空前的。儘管柳傳志在大會、小會上不斷地說「小馬拉大車」這樣的道理，不斷地解釋爲了即將到來的競爭也必須大量提拔年輕人，但是這種聲音並不能獲得廣泛的回應。聯想的年輕人沒有取得令人信服的業績，他們的自律能力還不能取得大家的認可。

一九九一年，柳傳志當時策劃的也許是聯想歷史上最艱難的一個工程。到一九九三年，聯想集團新舊交替的工程取得了突破性進展。「賽馬中識別好馬」的競爭激勵也有了一些好的結果，磨鍊了幾年的年輕人中有一批人已經脫穎而出，而這個時候國外電腦公司與聯想的激烈競爭也已經正式開始。今天的聯想，在一線戰場領軍與強大對手展開競爭的九十%以上已經是新一代聯想人了。但是如果沒有前幾年的「賽馬中識好馬」，聯想今天會怎樣呢？這個問題的答案是可想而知的。

在人才鑒別、人才使用方面，柳傳志也堅持競爭激勵，認爲「實踐是檢驗眞理的惟一標準」。優秀的人才不是在脫離責任、脫離做事機會的靜態條件下可以鑒別出來的。必須是對人才有了基本估計以後賦予責任與機會，在實踐過程中才可能獲得客觀和理性的認識。這是柳傳志人才鑒別的原則。

由於這樣的原則和方法，越是高級人才，從使用到確定，應該說是一個大浪淘沙的過程。如同長跑，出發時選手眾多，能夠率先脫穎而出到達終點者畢竟是少數。在競爭激勵的過程中，首先要明確「識別好馬」的原則與方法。然後是必須給人才提供「賽馬」的機會。多年來，柳傳志不管出現多大的困難，一直在爲企業優秀人才提供這樣的機會。這也是聯想的競爭激勵取得成功的關鍵。

第四章 產業與資本化生存

投資家應該是個企業家，也要把企業的盈利放在第一位。聯想想做的產業投資，實際上是在聯想確定的行業裡面自己選人，把實體做大，並真正形成產業。

——柳傳志

香港上市：直接融資之道

優化資源配置、合理和有效地利用社會資源，不論從微觀上還是從宏觀上看，其效益都是巨大的。

柳傳志了解到，中國企業的直接融資環境非常惡劣。中國企業還不具備發行債券的條件，股市融資是直接融資的唯一途徑，而中國企業的股市融資有很多問題。這些問題包括：上市公司的主要功能錯位，在政府看來，國企所以要改造成股份公司，是要脫困，要給企業注入資金。集資和融資是企業上市的唯一功能。

事實上，市場經濟特別是股份經濟的發展史已經清晰地證明，股份公司特別是上市公司最重要的功能是優化資源配置及與此相適應的產業結構調整。優化資源配置、合理和有效地利用社會資源，不論從微觀上還是從宏觀上看，其效益都是巨大的，因爲它有助於促進社會生產力大發展和社會物質財富大增加，是任何力量都無可比擬的。

一九八八年，整個中國都處在高速發展的氛圍中，國內經濟環境既繁榮又混亂，許多客觀情況限制著民營科技企業向產業化發展。柳傳志意識到，此刻公司正處在決定戰略發展的關鍵時期。根據歷史的經驗，一個公司發展到這個階段，將有幾條道路可選擇，一是就此停滯不前，公司內部人員享樂揮霍，最終導致解體；二是及時轉產，放棄以前的產品，用現有的資金向其他更容易發展的領域進軍；或者是在本行業中繼續擴大市場，創新技術，慢慢地使公司在本領域中形成規模，佔據主要市場，領導本行業的發展趨勢，成爲產業的帶頭人。

聯想集團的目標是建立一家長久且具規模的國際化高科技公司。在進行了詳細的國內外市場調查後，毅然制定了進軍海外，以國際化帶動產業化的發展戰略。一九八八年四月，計算所公司在香港與香港導遠電腦有限公司、中國（香港）技術轉讓公司合資成立「香港聯想科技有限公司」。

柳傳志發展香港聯想公司經歷了三個階段：

一、起步階段。以開發電腦貿易爲主要業務，爲電腦開發、生產積累資金，並摸索國際市場脈搏，選擇打入國際市場的產品，這個任務在公司成立當年順利完成，交出營業額一．二億港元的成績單。

二、發展階段。一九八九年三月，共同研製的聯想Q二八六一個人電腦在德國漢諾威和美國芝加哥一炮打響，當時預訂單多達四千多台。一九八九年六月，香港聯想在深圳成立「深圳聯想公司」，持股七十%，設立低成本的生產基地。從此，香港聯想開始批量生產和出口主機板。

從一九八九年底每月四千套發展到一九九一年底每月十萬套。一九九四年，香港聯想出口主機板五百萬套，占全球市場的十%，進入世界最大生產廠家前五名之列。其營業額從一九八九年的三．二億港元增至一九九二年的八億港元，成長速度十分驚人！這個階段，除產品出口外，聯想公司的跨國經營還有許多新的進展。一九九〇年上半年在美國洛杉磯設立分公司，下半年在法國德斯多夫設公司。一九九二年初在美國矽谷設立實驗室，以及時獲取電腦最新技術情況與資訊。

到一九九三年底，聯想集團形成國際化的技術、生產、銷售等基本格局：技術開發方面由美國矽谷、香港、深圳、北京形成體系；生產方面擁有香港、深圳兩個基地；銷售方面北京聯想擁有國內銷售網，香港聯想擁有國際銷售網。

三、新的發展階段。一九九四年一月香港聯想公開上市，透過發售新股融資二・一七億港元，爲形成規模經濟，實現建構國際級大型電腦企業這一目標奠定了基礎。從此聯想集團的發展進入到一個新的階段。

大聯想水到渠成

股市就是企業投資以後，把企業做好，有更大的盈利，通過這種回報的方式增加股市的價值。股市的一些衍生物、一些投機的做法，也都是爲了主體負責，如果失去了主體，就什麼也不是了。

柳傳志認爲以前講的「大聯想概念」，確實有從渠道方面統一考慮的意思。現在這個大聯想的概念他一直沒有提過，他覺得它是一個水到渠成的過程。現在做的風險投資公司會選擇最好的業務、最好的團隊，把它帶到整體業務中去，然後控股公司再精心加以扶持，形成一個新的大企業的雛形。這方面成功以後，才能逐漸形成一個控股公司的核心。

柳傳志認爲聯想的成長過程與國外大企業有所不同，不同在哪？國外企業特別注重業務本身，而聯想對人的因素特別關注。國外有一句話：「一個企業如果做PC就不能做網路，做硬體就不能做軟體」，要專一才能做得好。不過聯想認爲中國的市場還很狹小，如果只做一個領域且想做大的話，就必須要到國際上去競爭。柳傳志目前不想太早進入世界市場，這並不是說他不想進入世界市場，而是不能過早，過早進入的話就會受到很大的損傷。

然而要在中國市場立足就一定要多樣化，這裡面有三個制約因素，第一是資本；第二是領軍人物；第三是組織架構。對於聯想來講，人的問題特別地重要，實際上如果人不到位的話，柳傳志是不會將聯想分拆的。風險投資公司也一樣，如果不是有比較成熟的領軍人物，肯定不能做。所以聯想現在主要關注的，一個是組織架構的問題，一個是領導人的問題。

在柳傳志看來，企業的發展過程沒有一個固定的模式，不能拿國外的模式去套。但當業務複雜到一定程度的時候，要變成事業部體制或者矩陣體制，這是一個必然趨勢，所以要根據業務的需要隨時進行組織架構的調整。比如像在「大船結構」時期，那時這並不是中關村企業的主流做法。當時的主流是搞批文，每個公司下的子公司都有自己的進貨渠道和財務系統。聯想堅決遏制公司內部的這種傾向，如果走那條路的話就沒有現在的聯想了。

柳傳志參加資本營運的操作比較早，最早是聯想集團股票上市的運作，所有人都覺得聯想那時候特別成功，其實當時他對股市的一些專業說法根本一竅不通，他只是認清了股票的價格由兩部分組成，一個是基本面部分，另外一個是受環境因素影響的部分。

「我始終堅持把基本面做好，只要是影響基本面的事我都不去做。」柳傳志如此說。最典型的例子就是去年聯想配股的事件，如果在宣佈和盈動合作後再去宣佈配股，可能會拿到高一倍的錢，但當時聯想堅決不那麼做，這種做法現在看來是非常正確的。

基本面包括業務做的好，也包括投資者的信任。現在聯想分拆，而股票仍然向上漲，就是因爲香港的投資商對聯想非常信任，柳傳志覺得分拆有利，他們都相信他的判斷，因爲對基本面有損害的事他從不去做。

聯想風險投資成立，即所謂的運作資本，依然把維護基本面做爲指導思想，不考慮那些短期的手法。如果今日的聯想風險投資公司跟別的風險投資公司有不同的話，這可能是一個主要的區別，主要是把企業做好再從中得到回報。柳傳志希望聯想透過風險投資能給股市帶來一些好風氣。

其實投資的錢也是有成本的，也是有壓力的，在這方面柳傳志原先的認識還不深刻，如果沒有一九九五、一九九六年兩次大的虧損，柳傳志不會對這個問題這麼重視。其次柳傳志覺得進行資本運作先要弄清上市的目的，千萬不要只記住融資這一個目的，另外一個目的是企業的規範化。專業的投資家對企業有很強的規範化要求，這是中國公司上市所必須重視的。想要在資本市場中有長期的發展，還是要以成績爲主，老老實實做事，遵照規則操作。

柳傳志認爲，當風險投資做多了以後，要從股市的技術層面轉移到產業層面，讓後者來帶動股價的成長，這一點十分重要。技巧是圍繞基本規律開始的，如果你把它特別膨脹，那股市一定是烏煙瘴氣。到目前爲止，柳傳志覺得自己還是一個做企業的人，至於資本運作主要是企業的發展到了這個程度。實際上他對那些股市衍生物一直都沒放在心上。他更多的注意力還是放在企業發展規律上。

柳傳志意識到現在中小科技企業就是缺乏資本的支援才發展不起來，所以聯想必須介入到這個領域，他覺得現在正當其時。如果聯想用五年的時間不斷取得經驗，培養出人才，在這個領域中就會有很大的發展。當然如果有合適的機會，聯想還是願意開拓更多的領域。

國外資本的載體主要是基金，產業資本反而不大。中國則有一個很大的問題，就是所謂金融資本也是以國有爲主，經常不按照市場規律來運作；此外，老百姓的閒錢都屬於非理性投資，沒有形成一個正常的規律。因此中國的金融市場確實有待調整。

柳傳志投資的發展目標是五年之內把它做到一億美元。大部分人看到這個數字都認爲聯想非常低調，爲什麼聯想不把目標定的高點？不是聯想沒錢，而是因爲他們想先培養經驗和正確的投資觀念，然後把它融入到人的身上。

中國的資本環境雖然越來越好，但還不是非常完善。以前的計劃經濟留下了許多弊端，比如說房地產價格方面的問題。不過隨著改革的深入，資本對企業會有極大的推動作用，特別是風險投資這塊。因此，柳傳志覺得現在進入這個領域正是時候，也許還稍微偏早些，因爲二板市場還未建立。

柳傳志表示，如果二板市場建立不起來的話，風險投資將會出現一個很大的問題。不過他相信二板市場總會誕生的，沒有這個信念，風險投資根本沒法做。能否成功要看聯想各方面的承受能力，如果聯想用五年的時間不斷取得經驗，培養出人才，在這個領域中就會有很大的發展。

進軍房產業

柳傳志是一個現實主義者，一個堅定的現實主義者。沒有把握的事情，他決不會做。

柳傳志看中了GE，要做中國的GE。GE公司二十一個集團中有一個集團叫作房地產融資集團，柳傳志要做中國GE，當然也要蓋房子做房地產。地皮是中科院的，位置在中關村，一共八萬平方公尺；錢是從香港股市融資得來的，滾動投資後取得三十億人民幣；人是聯想早期大規模建廠房時積累下的一批建築和房地產規劃人才，領軍人物是陳國棟；信心來自聯想的激勵機制能使該業務早日盈利；計畫定在二年內A股上市。

早在一九九三年，柳傳志就和當時的房地產大戶萬通馮侖、潘石屹談過合作，可惜沒有結果；聯想在廣東惠州大亞灣本想炒一點房地產，後來，房地產泡沫破裂，未能出手，咬牙將其做成了自己的科技園區；一九九九年，房地產上市公司瓊民源改名中關村的時候，聯想和方正、四通一樣也持有了其三百萬股，是十大股東之一。

可能是因爲史玉柱蓋巨人大廈蓋到破產等原因，「房地產」三個字在中國IT界一直是個壞詞，一九九三年曾經做過房地產的王文京，一九九四年發誓以後不會再做，「沒有幹的時候，總是覺得人家的山頭比自己現在站的山頭高，跑到那邊一看，才發現自己原來的山頭比人家的山頭還好，發現各行各業都不那麼容易。」

在「房地產」概念如過街老鼠，人人喊打的時候，曾經將聯想的業務圈定在資訊領域多元化的柳傳志卻跨出資訊領域，大舉進軍房地產，讓很多人跌破眼鏡。發展是企業的生命，對上市公司而言更是如此，但是，二〇〇一年，聯想發展的速度明顯放緩，此時有人懷念起倪光南主張做的交換機和晶片，已經有人說，看華爲現在多賺錢，當初如果聯想也做交換機……

但如果讓柳傳志重新選擇一次，他依然會走現在的路，否則，他就不是柳傳志了。柳傳志是一個現實主義者，一個堅定的現實主義者。沒有把握的事情，他決不會做。研發是最沒有把握的事情，柳傳志曾經要求他的研發部保證成功率，他的研發部沒法保證。研發不可能遵循出多少貨賺多少錢的貿易規律，它具有很多偶然性。既然聯想曾經因爲過去在研發上投資不足，導致現在暫時不可能從技術上攫取更大的發展速度，當然要另尋出路。

GE也是堅定的現實主義者，爲防止可能的業務下滑，它堅持多元化，多元化可以保證它在外界環境急劇變化的前提下，仍然保持增長。以「九一一」事件爲例，GE飛機發動機業務遭受重創，但在同時，它的醫療系統和金融服務卻能夠彌補損失。

GE這種抗風險的能力很合柳傳志的胃口。二〇〇一年，柳傳志將聯想總裁的位置交給楊元慶，實際上只是將楊元慶創下的PC業務交給楊元慶，他自己並沒有就此閒下來。風險投資是柳傳志現在投入精力最多的事情，目前的重點是挖掘一批懂風險投資的人才，未來二至三年內再拿出一億美元進行風險投資。柳傳志說，錢不是問題，聯想已經在九個項目上投了二千萬美元，二〇〇二年還會再投三千萬美元。

房地產是柳傳志繼風險投資之後將聯想進一步多元化的一個標誌。中國政府當然不希望中關村炒房地產，北京市市長劉淇說，他最不願意看到的就是在中關村炒賣房地產。他認爲，中關村這個知名的品牌，如果炒賣房地產，就不能吸引人才，也就壞了開發區的大事。炒房地產和做房地產可能不是同一回事，但要賺錢是一回事。作爲企業的聯想不可能有錢不賺。柳傳志一直對互聯網持有非常保守的態度，但這沒妨礙他在二〇〇〇年通過互聯網概念從香港股市套現二十八億港幣。柳傳志可能不是互聯網英雄，但他一定是互聯網套現英雄。房地產也一樣，房地產成功的要素有三個：第一是地段，第二是地段，第三還是地段。中科院佔據著中關村的黃金地段，聯想順理成章地拿下這塊地皮，已經成功了一半。

另外，在柳傳志看來，聯想手上有足夠的流動資金用於周轉，不會出現巨人大廈的悲劇；至於說到炒作，聯想一點也不差。如此十拿九穩的項目，爲什麼不做？企業不就是掙錢嗎？再說，房地產這個產業一點也不丟人，只要中國經濟持續堅挺，它就是風險最小的投資。

二〇〇一年，房地產業爲「福布斯中國富豪一〇〇榜」貢獻了二十五人，是IT貢獻人數的二．五倍；二〇〇二年，房地產業爲「福布斯中國富豪一〇〇榜」貢獻了近五十人，是IT貢獻人數的七倍。中國房地產已經度過空手套白狼的原始積累階段，進入了產業化的發展期。

構築產業鏈

柳傳志正在構築一個屬於聯想自己的產業鏈，在這個形同鐵三角的鏈條中將包括個人電腦業務、IT服務業務和管理諮詢業務。

在聯想控股公司相繼進入風險投資、房地產兩大非IT行業之後，身兼三職的柳傳志開始淡化自己的IT企業家形象。

「以後我可能不會參加太多IT領域的會議，這些是楊元慶、郭爲他們的事情，我們之間有默契。」在參加完美國管理科學院年會並擔當主講人回國後，柳傳志首次接受記者採訪時說。「未來我將參與更多資本運作、管理經營等基礎領域的工作。現在我也說不大清楚，身份可能是偏向『資本家』。」

目前柳傳志擁有三個身份——聯想集團董事局主席、聯想投資公司董事長、聯想控股公司總裁，在外界不甚明瞭時，柳傳志還是以介紹自己最後一個身份爲主，一個可以統領全局、可以涉足更多產業的產業「資本家」。因爲只有這樣，他才可以在其他行業完成「複製」聯想的工作。柳傳志的目標是「複製聯想」，「複製聯想的管理理念和管理機制，當然，這首先要對行業本身的規律有深刻的瞭解。」

不過，大多數企業人士還是對他如何在二十年中成功地把聯想變成一個資產幾十億美元的國際公司，特別是如何利用本土優勢打敗國際廠商感興趣。「如果兔子不睡覺，烏龜怎麼追趕它？」套用中歐國際工商學院副院長張國華的話來說，「在國際大企業的競爭壓力下，很多發展中國家的企業都面臨著這種烏龜與兔子賽跑的問題。而聯想在這方面則做出了榜樣。」

「中國經濟在世界經濟舞臺上的分量越來越重要，同時，中國的企業家群體也正逐漸走向成熟。」柳傳志認爲，國外不瞭解中國企業的整體現狀，對於民營企業更是知之甚少。「中國企業頑強的生命力、他們在發展過程中表現出的種子精神，都很有必要向國外同行推薦。」

事實上，從種種跡象表明，柳傳志正在構築一個屬於聯想自己的產業鏈，在這個形同鐵三角的鏈條中將包括個人電腦業務、ＩＴ服務業務和管理諮詢業務。聯想的策略是，把田裡的儘快收穫，使之變爲鍋裡和碗裡的。

自從二〇〇一年四月二十日，柳傳志將「聯想未來」的旗幟交給楊元慶以來，公眾對聯想未來發展的種種猜測就沒有停止過。

聯想在二〇〇〇年的業績榜上留下這麼一項記錄，「網際網路電腦開花結果，中國家用電腦市場雪崩式增長」。在那個中國ＩＴ的黃金年度，聯想共賣出了二百六十一．八萬台電腦，占中國市場二十八．九％，比上年翻了一翻。然而，不到一年，聯想總裁楊元慶就把二〇〇一年的ＰＣ銷售指標從三百七十萬台調低爲三百一十三萬台，他給出的解釋是「過去幾年預支了這兩年的份額」。

ＰＣ沒落不能完全歸罪於「九一一」。據ＩＤＣ的資料，二〇〇一年聯想電腦的成長率仍高達二八．二％。這個足以令眾多同行欣喜若狂的成長率卻遠遠低於聯想預設的五〇％的成長目標，而使聯想更加憂慮的是，ＰＣ的邊際利潤由前年的十二．九三％跌至一〇．五九％。「在經濟嚴峻的時候，公司主管們削減了對ＩＴ產品的採購」，聯想的一位銷售代表如此說。

但這並不是主要的因素，由於DELL、ＩＢＭ等國際廠商的低價競爭，聯想留給自己和代理商的利潤正在變少。這位銷售代表也轉而做產品管理工作，聯想的銷售團隊也面臨ＥＲ

P之後的改組。宏碁總裁施振榮甚至直言，在個人電腦業現在只剩下DELL了。

過去幾年裡，個人電腦利潤率從三〇%跌落到不足五%，IBM、HP和Compaq的個人電腦業務連年虧損，這才是一場眞正的雪崩！家電系的電腦廠商海爾、海信紛紛收縮戰線。

三月二十五日，海爾登出其北京3C有限公司時恰好是聯想二〇〇一年財政年度的最後一天，距海爾開設這家公司整整三年。

一九九九年三月底，在聯想一年一度的發展規劃會議上，負責消費PC業務的主管向總經理室彙報了海爾打著三C旗號進軍電腦市場的情況。聯想的高層打斷了他的話，剝著香蕉皮微笑道：「這就像賣乾果的突然改賣鮮果，肯定是要爛上幾筐的。」

而DELL的模式是無法模仿的。DELL中國區總裁黎修樹表示，DELL的優勢是物流，絕對按訂單生產、保持低庫存和省略渠道。「DELL沒有貨倉，沒有經銷商，沒有中間人」，直接面對客戶為DELL節省了二〇%的成本。

柳傳志眞正感受到DELL的威脅是二〇〇一年八月二十八日，聯想與DELL各自推出一款十五英寸液晶顯示器電腦，聯想標價為「業界最低六千九百九十九元」，DELL的標價是「國際品質、本土價格六千五百九十八元」，聯想的價格比DELL高出四百零一元人民幣。聯想第一次遭受價格阻擊，一貫強調「站在懸崖邊競爭」的聯想險些沒有退路。不過，正在美國考察的楊元慶沒有過多地顧慮這次短促的價格戰。聯想高層齊集在美國開了兩天會議，確立了未來三年聯想的發展框架。

聯想需要轉大彎，在二〇〇一年的誓師大會上，柳傳志宣稱，未來的聯想將成爲一家「以客戶爲導向」的高科技、服務性和國際化企業。他希望給自己的部下增加一個重要的考核指標——「你見了多少客戶」，他還要將服務寫進每一個聯想員工的ＤＮＡ。而這只是柳傳志構築新產業鏈棋局中的一步而已。

涉足ＩＴ服務

服務，不再是聯想叫賣ＰＣ的一個響亮口號，而是創造利潤的嶄新產業。

柳傳志將帥印轉交給楊元慶當天，就授意他宣佈聯想在未來三年內，除了繼續以「產品作爲利潤支柱」之外，還要使「服務成爲利潤的來源」。聯想將組成消費ＩＴ、手持設備、資訊運營、企業ＩＴ、ＩＴ服務、ＱＤＩ部件合同製造等六大基礎業務。

儘管當天香港股市的聯想股票（**HK.0992**）表現平平。而且，二〇〇〇財年（至二〇〇一年三月二十五日），服務營收在聯想將近三百億的銷售額中幾乎沒有。但聯想仍決定從ＰＣ爲主導的硬體產品供應商跨越ＩＴ服務領域。

一九九九年十二月三日，聯想慶祝成立十五周年，五十五歲的柳傳志在人民大會堂的三號報告廳裡重申聯想要成爲百年老店。爲慶典特別設計的巨鐘指向十五——在巨大的錶盤上只開始了微不足道的一小格。台下五千名員工並不能理解此時柳傳志的複雜心情。他們還沉浸在中國電子百強第一、百萬台電腦下線以及擁有國內ＰＣ市場半壁江山和ＩＴ龍頭老大的榮譽中。

柳傳志批評了聯想員工的驕傲情緒，指出在聯想前進的道路上並沒有警車開道，聯想所要面對的殘酷競爭才剛剛開始。他清楚地意識到聯想「百年老店」的夢想不可能指望ＰＣ，他和郭爲也不可能繼承只有ＰＣ的聯想。聯想通向新世紀的大門需要一把金光閃閃的鑰匙，這不是念一句「芝麻開門」那麼簡單。

因此，聯想涉足ＩＴ服務業便順理成章。早在一九九八年，聯想集團就相繼與ＩＢＭ和全球第二大軟體廠商ＣＡ簽署了軟體領域全面合作協定。此前，聯想還注資金山，成爲金山軟體公司單一最大股東。利用其中國ＰＣ老大身份，聯想與微軟的合作「廣泛而又密切」。二○○二年四月十八日，聯想又宣佈以二千三百三十三萬元收購智軟公司殺入保險軟體領域。

爲了在日益炙手可熱的ＩＴ服務業內領先一步，二○○○年四月，聯想推出一項新業務——針對中小企業的「ＩＴ 1for1」。二○○一年，還爲該業務設立了專門的事業部，隸屬於企業ＩＴ群組，開始對中小企業量身定做資訊化。負責ＩＴ 1for1業務的高級副總裁俞兵表示，中國的中小企業數量龐大，聯想在這個領域大有可爲。與此同時，聯想爲大客戶提供全套解決方案和服務的完全個性化定制，包括ＥＲＰ、ＣＲＭ、供應鏈管理、商業智慧系統在銀行、稅務、電信等關鍵行業的企業級應用。二〇〇二年八月二十九日聯想接手普華永道；簽約華淩實施ＥＲＰ專案。聯想向ＩＴ服務業邁出的步伐逐漸加速，目標成爲中國的ＩＢＭ。

聯想向服務轉型，這意味著聯想要在售前（諮詢、方案準備）、售中（實施、應用開發）到售後（運營維護、關懷服務）全方位建立起服務的競爭力，使服務業務（包括資訊服務、ＩＴ系統服務和ＩＴ 1for1等）成爲聯想的業務支柱。聯想在客戶服務電話中心（Call Center）的基礎上完成了客戶關係管理（ＣＲＭ）系統。六月十一日與ＡＯＬ正式成立合資公司，開展虛擬接入資訊服務。

聯想將「服務」比作「鍋裡的」，意指稍作努力就可以放在碗裡吃進肚裡。柳傳志對ＩＴ服務、資訊服務、傳統服務的期望是五年後達到十五%的收入比重。

跨越管理諮詢

在複雜多變的ＩＴ業內，聯想每三年還會改變一次，聯想的發展規劃最長不會超過三年。

當ＳＵＮ與微軟正在爲未來網路生存進行殊死較量時，誰的屍體會倒在一望無際的跑道上，然後被體面地埋葬，對聯想而言似乎並不重要。聯想的對手是自己，至少在剛剛過去的一年內是這樣的。不過，聯想趕上了好年景，在世界經濟嚴峻、ＩＴ業萎靡不振的二〇〇一年完成了一場管理革命。

二〇〇一年一月五日，聯想宣佈，實施兩年的ＥＲＰ專案終於如願以償地連線運行了。用柳傳志的話講，這一切開始的並不算晚。負責實施ＥＲＰ專案的ＳＡＰ給聯想打八十分。ＳＡＰ中國區總裁西曼解釋說：「中國企業的資訊化程度在國際上還比較低，造成了分數的起點低。而給聯想ＥＲＰ打八十分在中國看來是非常高的，因爲這個項目實施的效果非常好，甚至可以說超乎想像。」聯想從資訊化建設中嘗到了甜頭。

二〇〇一年三月二十一日，聯想宣佈併購漢普國際諮詢有限公司，發展中國ＩＴ管理諮詢業務。「我希望國內的諮詢業能成長起來，形成一個成熟的市場，諮詢成爲一個產業，」漢普總裁張後啓如此說。「中國是最後一塊綠洲，誰都想來分一塊，我們想在這個領域做到最大。」

併購漢普，柳傳志的目標非常明確，既然不能學葛斯納埋頭十年，對ＩＢＭ橫向合併從而造就ＩＴ服務業的金字招牌，那麼就從縱向尋求跨越和突破。「柳傳志的首選自然是兼併上游產業——ＩＴ管理諮詢，鞏固下游產業——ＰＣ相關業務，然後上下夾擊，在ＩＴ服務領域佔領一席之地。

聯想與漢普的聯姻可謂一拍即合。作爲管理諮詢公司，漢普一方面要向SAP、Oracle等軟體供應商大拋媚眼，還要時刻注意把最燦爛的笑臉朝向自己的東家——掏大筆銀子雇用諮詢顧問的企業。在資訊化浪潮日益高漲的時候，張後啓的兜裡揣著大把訂單，卻沒有多大把握將之全部變現。張後啓無奈地表示：「企業數量巨大，現在漢普只能做五六十家企業，最多一百家企業，無法滿足社會需求。」像北大縱橫一樣，漢普需要用IT技術來實現其管理思想，聯想是中國最大IT廠商，而且成功地實施了複雜的ERP專案，資訊化水平又非常高，可以說是最好的靠山。

IBM不解決企業的全部問題，但是有強大能力解決其核心問題，未來的聯想雖然不如IBM那樣深刻，卻可能比IBM更具包容性，聯想有能力聲稱自己可以解決有關企業資訊化的全部問題。不久，聯想就可以提供管理諮詢、應用實施、系統集成和外包運營的全套服務，而且，這一切都是絕對基於中國本土經驗。

過去，聯想跟在巨人的身後，不需要看路標就能夠找到拐彎的地方，現在不同了，資訊化的大潮淹沒了前進的道路，柳傳志不得不與IBM總裁、HP總裁一起，在IT的泥濘中掙扎。

柳傳志宣稱，聯想二〇〇四年營業額要達到六百億元人民幣，意味著聯想每年要以不低於五〇%的速度成長。一個飛速發展的聯想將給中國IT產業投入更多的變數。但是，有一點可以肯定，在複雜多變的IT業內，聯想每三年還會改變一次，聯想的發展規劃最長不會超過三年。

如果有一天，一個聯想的銷售人員給你撥了個電話，你不要指望他只是簡單地塞給你一份PC或者伺服器的報價單。你要面對的是一個胃口大的出奇的推銷員，厚厚的一堆產品介紹資料中肯定包含那個讓你有些不明所以的IT管理諮詢。這都來自於柳傳志所宣佈的：聯想要成爲一家服務型企業。

隨著「第三聯想」——聯想投資有限公司的成立，聯想從業務運營、資本運營正式步入運營資本階段。從聯想集團業務一線退居聯想控股公司總裁，這個被人們理解爲業務二線位置的柳傳志，其實才剛剛進入他企業生涯的第二個階段，而且狀態很好。如果成功，柳傳志將是中國第一批從產業、實業企業當中走出去的資本強人。

做「產業資本家」

柳傳志認爲企業上市的發展中，兩件事情最重要：一是融資；二是對員工施行股票期權政策。

隨著聯想「大船」戰略日益清晰，如何平衡控股子公司間的業務分配、把風險投資唯利是圖的一面扭轉爲「好婆家」的角色，成了柳傳志當前研究的課題，他的角色更傾向一個資本家。

柳傳志盡可能不參加ＩＴ領域的會議，讓楊元慶和郭為對ＩＴ領域發表更多的看法，這一點在他們之間已經達成了一種默契。柳傳志現在以有關資本運作和企業管理經營的基礎理論為主，也就是更傾向於資本家的工作。由於現在聯想控股、聯想投資和聯想集團在名字上有一定的混淆，還很難區分清楚，到一定階段後他會把這個問題逐漸劃清楚的。

柳傳志認為，投資家要做的工作是幫助被投資企業建立起好的法人治理機制，負責戰略規劃、業務方向、預結算方面的工作，至於戰略步驟、市場方針方面管到何種程度，股東則要根據被投資企業的具體情況來定。聯想與新投資企業的關係尚未達到與神州數碼一樣的默契，有的被投資企業甚至無法做到說話算數。風險投資是分階段投入的，達到什麼樣的目標後再投入一筆多大的資金，也是股東對企業一步步瞭解的過程。針對被投資企業不同的領導班子，股東做事的寬鬆度也就不同。領導人的因素大過行業前景。

柳傳志認為，投資家也應該是個企業家，也要把企業的盈利放在第一位。聯想想做的產業投資，實際上是在聯想確定的行業裡面自己選人，把實體做大，並眞正形成產業，而不是做到一定程度後，為了取得資本利得把這個企業賣出去。做產業時，聯想積累管理的核心理念、關係基礎會有很大的用處，聯想一般都是選擇行業的前幾名，看看有沒有可能在新的行業中複製聯想。複製聯想，其實就是複製聯想的經營理念。聯想將愼重地選擇行業進入，這個行業應該不像過去屬於一種外延式的發展，也不一定是ＩＴ產業領域，只要考慮這個行業的市場前景好，當前發展的契機合適。

此外，聯想選擇是否進入一個領域，最重要的就是要選擇一個很好的領軍人物，這個人物必須具備兩方面的素質，一是要對行業本身有深刻理解；另一方面，要和聯想的企業管理理念一致。凡是找到符合這兩個條件的人，聯想就會進入。目前聯想進入的新行業主要有兩個──投資（聯想投資有限公司）和房地產業（北京融科智地房地產開發有限公司）。

聯想曾經和九家投資企業的ＣＥＯ舉行聚會，對這些企業也打了一些分數，雖然現在不方便對外界公佈。不過有一點，就是柳傳志特別強調領導者的因素，他認爲他的作用能占到整個公司的六〇％，業務的發展性應該是占到四〇％，這也是他最新的提法。承認拆分聯想是「人的因素」。

柳傳志認爲，控股公司業務上有交叉在某種程度上是可以的，只要不是惡性競爭、沒有觸及法律問題就不用管得太多。當初把神州數碼從聯想集團中拆分出來，主要是因爲「人」的因素，只不過當時不能用這個理由，否則股東不會同意拆分方案，迫於形勢當時只能用業務拆分（聯想主業是ＰＣ、神州數碼的主業是分銷代理和系統集成）這個理由。拆分聯想也涉及一些有關接班人的問題。聯想需要的是能把職業當成事業來做的人，聯想培養的人對公司是有感情的，公司對他們也有全力扶持的責任，給他們提供一個自由施展的舞臺。

中國企業在和國外企業進行龜兔賽跑的時候，雖然已經具備了一些兔子的基因，但是這些基因卻被捆綁住了。拿中國股市來說，在設立之初，它的功能不是正常地融資去發展健康企業，而是融資去救一些不健康的企業，到現在股市演變成一種很尷尬的局面。這些企業若再不改造，會很難和外國企業競爭，中國經濟能否健康發展，跟這部分企業也有非常直接的關係。現在海爾、華為、聯想、TCL這些公司雖然都很努力，但還都不是大噸位級的選手，只有把那些真正稱得上重量級的企業進行改制，中國的經濟才會有更大的發展空間。

目前來看，聯想在中國除了CDR的方式就只剩下買殼上市這種途徑了，而這種方式正好是聯想最不願意採用的。實際上，目前聯想不是想透過A股上市獲得資金，相反，聯想的情況是現金過多，投資人感覺在投資回報上有點欠缺，希望聯想採用更多的方式，如回購股票、減少兼併案件。從目前股市的情況看，近一兩年復甦的可能性不是很大，因此聯想非常謹慎地使用手中幾十億的資金，因為聯想還要有一些後續的大動作。

在中國A股上市，聯想是希望把股市的正面影響和業務的正面影響相互呼應。聯想的市場在中國，如果是買殼上市的話，不一定能達到這個目的。

柳傳志認為企業上市的發展中，兩件事情最重要：一是融資；二是對員工施行股票期權政策。如果這兩個基本問題解決了，其他的就不會有太大的影響。聯想現在不缺資金，中國A股市場也沒有員工股票期權制度。至於兩個正面影響的相互呼應，如果沒有條件也就只能不呼應了。

資金的支持是聯想最不希望要的支持。柳傳志最希望的是國家在某些重要規劃上，提前和聯想打招呼，讓聯想這樣信譽好的大公司能做好準備。拿二〇〇八奧運會建設為例，將來資訊化建設要招標，這是公平的，但一定要給中國企業一個提前演練的機會。把需求方向提前告訴中國ＩＴ企業，這要比企業盲目提專案搞研發效果好得多。從世界各國的情況看，大家也都是會優先照顧本國企業的，這對技術的發展也是非常有好處的。

第五章 營銷創造價值

營銷不僅僅是實現產品價值的過程，而且是在創造新的價值。

——營銷大師：科特勒

搭建完美化產品體系

「一切以用户角度出發」的設計理念，已經具體而細微地體現在聯想新世紀電腦簡單實用的性能中。

柳傳志認爲，在一個完整的營銷體系中，產品始終是居於第一位的。沒有好的產品，一切無從談起。怎樣的產品才是好的產品、暢銷的產品？他認爲產品整體概念包含核心產品、有形產品和附加產品三個層次。核心產品是指消費者購買某種產品所追求的利益，是顧客眞正要買的東西，在產品整體概念中也是最基本、最重要的部分。消費者購買某種產品，並不是爲了佔有或獲得產品本身，而是爲了獲得能滿足某種需要的效用或利益。

有形產品是核心產品藉以實現的形式，即向市場提供的實體和服務的形象。如果有形產品是實體物品，則它在市場上通常表現爲產品質量水平、外觀特色、式樣、品牌名稱和包裝等。產品的基本效用必須透過某些具體的形式才得以實現。市場或營銷者應首先著眼於顧客購買產品時所追求的利益，以求更完美地滿足顧客需要，從這一點出發再去尋求利益得以實現的形式，進行產品設計。

附加產品是顧客購買有形產品時所獲得的附加服務和利益，包括提供信貸、免費送貨、保證、安裝、售後服務等。附加產品的概念來自於對市場需要的深入認識。因爲購買者的目的是爲了滿足某種需要，因而他們希望得到與滿足該項需要有關的一切。

新競爭發生在產品的附加價值上

美國學者希歐多爾・萊維特曾經指出：「新的競爭不是發生在各個公司的工廠生產什麼產品，而是發生在其產品能提供何種附加利益（如包裝、服務、廣告、顧客諮詢、融資、送貨、倉儲及具有其他價值的形式）。」

在柳傳志構築的聯想營銷體系中，產品始終居於第一位。因爲聯想了解到，在如今競爭激烈的電腦市場上，沒有好的產品，就無法脫穎而出。事實上，聯想正是因爲始終堅持新穎、獨特、實用的產品理念，才能深深打動消費者，佔據中國市場。

從以下幾個事例中，可以看到聯想的做法：一九九六年，大多數的消費者選購電腦時，以最高速度的處理器、容量最大的硬碟等電腦配備爲主，結果花了一大筆錢，卻只用來打打字、看看ＶＣＤ、玩玩遊戲，電腦絕大部分的功能被棄之一旁，不單對消費者，對設備本身也造成了極大的浪費。針對這一問題，爲了讓國人眞正用好電腦，以最經濟的開支滿足對電腦的需要，一九九六年九月，聯想與宏碁一起提出了「全民電腦」概念，並以ＢＣ（BASIC COMPUTER）作爲模型，基於「適用、夠用、好用」原則設計，共同開發出第一代產品「雙子星」。

聯想提出全民電腦的理念，事實上是有意培育一個全新的市場。聯想認爲，當時市場最大的產品需求在五千至八千元之間，這一價位上的產品並不落後，對大多數用戶已經夠用。

全民電腦理念的推廣，是對用戶進行「適用、夠用、好用」消費觀念的引導，是一個教育市場的過程。如果市場培育成功，那麼將會進一步促進中國電腦產業的發展。

但在當時，沒有多少廠商為聯想提供技術成熟、價格低廉的零件，因此，聯想只能在有限的範圍內選擇，並降低自己的利潤，艱難地做著先行者的工作，從而推動了低階電腦市場在中國的發展。但隨著市場的啓動，更多的廠商參與，使得這個市場的層次越來越豐富，競爭越來越激烈。

到了一九九八年，社會和科技的進步帶來了新的觀念。為此，聯想不但從低配備、低價格的角度出發打造產品，更加重了它的用戶導向，又提出了全新的「功能電腦」概念。

回顧歷史，概括來看電腦的發展只有兩代：即縱向結構代和橫向結構代。早期電腦是所謂的大、中、小型電腦，一致的模式都是縱向模式，也就是說一個廠商從處理器到硬體整合，從作業系統到用戶的應用軟體、甚至是銷售渠道都完全是自己來做的，而彼此之間又互不相容；用戶一旦選擇了某家廠商的產品，再想轉換就沒那麼容易了，因此用戶的選擇空間小。因為用戶選擇空間小，競爭的壓力也大大地降低，技術的發展也就相對緩慢。此外，用戶是採取一種分時享用CPU的方式進行工作，使用時的效率非常低。正因為如此，應用的領域和市場的範圍比起今天來就狹窄得多，只是用於研究和少數需要大型計算的領域。

電腦走入家庭，「功能電腦」誕生

從八〇年代初開始的ＰＣ革命，徹底打破了這種格局，在微軟和Intel的帶領下，整個計算機工業在一種標準化的氛圍下分工協作，做處理器的做處理器，做整機的做整機，做應用軟體的做應用軟體。廠商開始透過專業分銷商、零售連鎖店代銷產品，用戶在這種競爭的氛圍下，可以自由地挑選他們所需要的各類產品，來構建自己的應用環境。

由於激烈的競爭及專業化的分工，使得各層次技術的發展大大快於縱向結構時期，所謂的「摩爾定律」就是這樣一個寫照。在此種模式下的同時，人們的工作方式也改爲每人一台機器，使用時不必受到別人影響，因此效率大爲提高，電腦的應用範圍大爲擴展。一台桌上電腦的功能已經百倍於二十年前要一間大屋子才能裝得下的大型機，人們的工作效率和工作質量都大爲改善。

消費族群逐漸由專業技術人員轉向普通消費者或家庭，柳傳志開始爲消費者思考，諸如「電腦買回去做什麼」、「電腦的高性能是否能夠得到最充分的利用」、「能否方便地使用電腦」，以及「廠商能否向普通消費者提供適合他們最需要的功能、易於使用的最終電腦產品，而不僅僅是原來的『裸機』類型的平臺產品和中間產品」。

要實現這樣的目標，如前所述的系統架構顯然需要變革。而這種變革，聯想早在一九八八年就開始了。計算機工業這種第三代模式事實上是對前兩代的綜合，它既保持了第二代模式中的標準化和專業化的優勢，又強調了要像第一代給大型客戶提供交鑰匙工程一樣，向普通消費者提供交鑰匙產品，因此，它事實上是這樣一個縱橫相交的架構。也就是說，既要有各種專業化的零元件供應商（包括應用軟體也需要有向OEM客戶的通用應用軟體元件的供應商），也要有以品牌形象出現的功能整合商，提供能夠滿足細分市場後的普通客戶應用和功能需求的最終產品。而這樣的最終產品就是聯想在一九九八年所提出並倡導的「功能電腦」，其意圖就是向包括家庭消費者在內的電腦初級用戶提供最終產品而非中間產品。

一九九九年，柳傳志又進一步提出了所謂「新世紀電腦」的概念。我們可以比較一下，獨立運行的電腦和在Internet上運行的電腦有什麼不一樣的功能。電腦提供了家庭辦公、家庭教育、家庭娛樂和家庭生產百科等功能，然而這些功能在獨立運行的情況下是非常有限的，但如果在網路上則不一樣。如家庭辦公，單機運行時，機器只能用以文字處理、表格處理等有限用途，但如果利用Internet，電腦就能幫助你連接到公司內部（Internet)上，讓你在家裡看到公司內部網上新發佈的資訊以及同事給你發來的檔案和報告，眞正實現了在家上班或是在一個虛擬的企業、邏輯的企業裡辦公。

又如家庭教育，可利用Internet進入聯想網校，不但能學到像名牌學校最新的課程，而且比起課堂聽講要生動有趣得多，將來甚至可以不出家門就讀完從小學到大學所有的課程，或是某些專業技術的課程。又如家庭娛樂，過去只能自己和機器玩，現在可以上網找搭檔，不管熟悉的還是不熟悉的，打橋牌、下圍棋、玩其他遊戲都可以。

此外，利用Internet，全世界的報紙只要滑鼠一點就來，買書、買衣服，在家裡等著就有人送來，比電視購物還自在。概括來說，如果電腦是台電視機的話，有Internet，我們就好像有了電視台，電視機才有眞正的用途。

「立足自身、分析市場、更新觀念、轉化優勢」柳傳志正是透過這樣的一個途徑，充分發揮自己的既有條件，步步逼近這個一直在召喚著他的巨大商機——互聯網，並引出了自己的主打產品——網際網路電腦。

由於中國電腦不普及，應用水平不高，大多數的人以前沒有電腦，甚至沒有接觸過電腦，現在爲了跟上資訊時代的步伐，不被網路大潮所淘汰，不僅決定買電腦、用電腦，更甚至於就是因爲想上網才買電腦。所以，柳傳志認爲，應有中國自己特色的模式，也就是所謂本土特色的ＰＣ普及模式，當然應該是「簡單化」或「傻瓜化」地滿足用戶的複雜需求。

因此，柳傳志所選擇的產業模式也屬於第三種模式（也就是縱橫模式）基礎上的改良。其實，只要在第三種模式中增加橫向的ＩＳＰ／ＩＣＰ選擇，並使其包含在功能整合商整合的最終產品中，就意味著用戶將可以輕鬆地利用網際網路作爲手段和工具，來實現前面所描述的那些更豐富的功能和應用了。

從用戶角度出發

在用盡名目繁多的市場營銷手段之後，中國ＰＣ廠商必須開始一場角色轉變——從以產品技術爲中心轉變爲以用戶消費需求、特別是上網需求爲中心。而聯想的新世紀電腦正好印證了這場轉變：將電腦軟硬體、網路接入、資訊服務等融為一體，配合了傳統電腦與Internet，首次將電腦變成入口網站。

「一切從用戶角度出發」的設計理念，已經具體而細微地呈現在聯想新世紀電腦簡單實用的性能中。聯想的網路電腦包含了幾個部分：低階的是針對普及型用戶的「起居室電腦」（資訊家電），它的價位是二千至五千元左右；中階是包含網際網路資訊和服務的商業「辦公電腦」和家用多功能電腦（聯想稱其為「書房電腦」），它們比起「起居室電腦」功能更多、更強，價位大約是五千至一萬五千元；當然還有專門針對大型計算和尖端技術用途的「計算電腦」，伺服器和高性能電腦當然也都在這個範疇裡。在這樣一幅家族圖裡，中低階的產品都屬於功能易用導向的，ＲＳ高階才是性能導向的。

柳傳志所設想的網路電腦特點如下：

■**易用**。易於安裝，沒有複雜的聯線，所有設備都可以透過完全相同的聯線串列連接，功能介面一致；易於操作，除「幸福之家」將進一步發展成為易用的用戶介面和入口網站，功能鍵盤和新型輸入方式也是朝向容易使用的方向；更重要的就是易於上網了，除了不用複雜的撥號過程之外，還可以按用戶最實際的需求配置網上資訊／服務頻道，方便尋找、使用；最後是易於擴展。

■**高速**。高速的ＣＰＵ、更大的存儲容量以及高速的通訊線路和通訊方式，將確保高速啓動、高速上網（甚至是保持連線狀態），高速實現客戶所需要的功能、資訊或服務內容。

接著是豐富功能、豐富資訊服務內容。最後是價廉。

第一代「雙子星」爲「全民電腦」概念的最早產品，它率先打破了名牌電腦價格底線，售價從四千九百八十八元到九千元不等。這是眞正爲中國消費者量身訂作的電腦。經過一年多的市場實證，它逐步得到了社會和消費者的認同，BC電腦有它易於消費者接受的低價位，又具備了家用電腦所需求的全部功能，「全民電腦」概念推出後的一年多，聯想的「雙子星」、「雙子新星」和「巨蟹類BC」的銷量就超過了十萬台，消費者眞正享受到了便宜和實惠，同時也無疑加快了電腦的普及速度。

一九九八年，當柳傳志看到應用和功能正在成爲電腦普及的絆腳石，在相繼提出應用電腦和功能電腦的概念之後，聯想又發佈了按此理念開發的產品。如果說最初發佈的「商博士」應用電腦還僅是那些小型商貿企業老闆們感興趣的話，那麼一九九八年底，從家庭用戶的應用水平考慮，透過改進電腦的易用性，聯想所發佈的一系列功能電腦則成爲更多一般消費者所關心的產品，打破了長期以來，家用電腦備受關注的賣點始終集中在其低價格及低配置的狀況。

以「1+1天鶴和天鷺家用電腦」爲例，它已不像傳統PC僅僅是一台只包含了作業系統的裸機（平臺電腦），其核心理念概括來說就是功能和易用，它包含了家庭辦公、家庭教育、家庭娛樂、家庭生活百科、家庭股市和家庭網路通訊等多種功能，當然它不是軟、硬體的簡單堆砌，而是靠像「幸福之家」這樣的用戶介面、遙控器、功能鍵盤、說寫輸入方式及其他特殊設計來保障的整合，這樣不僅保證了產品的渾然一體，將能夠實現家用功能的軟硬體組合在一起，也加強了這些功能的易用性，實現了向用戶提供帶有功能並且易於操作的目的。

另外，像語音、手寫輸入技術的引入幫助了對於鍵盤陌生的中國人，打破對電腦的神秘感和恐懼感，讓更加家電化、人性化成爲電腦重要的發展方向。這完全實現了聯想的功能電腦理念。從此意義上來看，「幸福之家」是沒有電腦專業知識的一般消費者邁入高科技殿堂，領略高科技給人們工作和生活所帶來的效率、質量和樂趣的親切導遊。

一九九九年十一月二十四日，集電腦、資訊服務、Internet連接功能爲一體的聯想「天禧電腦」隆重發佈。這是準備對網路市場競爭發動總攻擊的聯想爲自己製造的最重磅炸彈。它既是對傳統ＰＣ的一次脫胎換骨，同時又預言著在中國特定的應用背景下ＰＣ普及的一場深刻變革。在世紀末的冬天，Internet引發了這場ＰＣ的世紀變革。

聯想成功的關鍵在於不斷賦予產品時代色彩的創新。在ＰＣ工業規模化、模組化日益發達的今天，強調傳統、單一品牌差異的做法已經失去意義，從Internet中去尋找品牌特色的突破變得十分迫切。聯想投入研發費用一千二百萬元，技術涉及ＰＣ、通信、網路、外設等眾多領域並擁有四十二項專利，集「三千寵愛於一身」的天禧電腦，無疑爲聯想品牌注入了更多的含金量。

聯想針對家庭用戶推出的天禧電腦，將電腦硬/軟體、網路接入、資訊服務融爲一體，首次將電腦變成入口網站，成爲一款眞正的網際網路電腦，使用戶在開啓電腦的同時，也可方便地打開網際網路的大門。在目前中國電腦應用水平普遍不高，對易用性、安全性設計和維修服務還相當依賴的情況下，要普及電腦，擴大電腦市場，以聯想「天鵠120」爲代表的「全民家用電腦」，有助於想儘快跟上時代步伐的一般消費者，輕鬆踏上「網際網路之路」。

揮舞價格之劍

聯想不斷降價是否還能獲利呢？答案是肯定的，聯想的降價是有備而來的，並且聯想是降價也賺錢，並且賺得更多。

柳傳志認爲價格是營銷的利器。在聯想的營銷體系裡，價格的地位僅次於產品。這一點，從聯想發動了幾次價格大戰便可看出來：在一九九六至一九九九年間，聯想發動了兩次很大規模的降價戰役，一次是一九九六年抓住Pentium（以下簡稱P）取代四八六的契機發動的降價役；另一次是一九九九年PⅢ型的降價。

當柳傳志一九九六年第一次舉起價格這項利器時，也曾有所顧慮。複雜、全新的市場情況使人們無法估計勝敗。那時，聯想的財務年度剛剛開始，國外廠商的Pentium系列電腦還定位在一萬五千元以上，聯想直接把價格降至九千九百九十九元。整整一個月，聯想人都焦急地等待著市場的反應，他們知道，如果降價不成功，聯想就會血本無歸。

結果柳傳志成功了，在Pentium級電腦上聯想打了一個勝仗。聯想打亂了國外品牌在中國的部署，以往都是國外品牌帶動中國品牌更新換代，這一次聯想改變了遊戲規則，成爲市場的主導者。

在聯想的帶動之下，國外品牌的電腦也不斷調低價格，讓中國消費者買得起的電腦越來越多。從那一年開始，中國的電腦市場發生了兩個巨大變化：一是主流機型和國際同步；二是新品價格被控制在一萬五千元以下。聯想的價格理論在市場上得到了回應。一九九八年聯想電腦在中國市場的佔有率達到了一七．九％，穩居第一，在亞太區市場排名第三。一九九九年聯想排名亞太第一，超過很多國際知名企業，開始引起世界關注。

施展價格戰，搶攻市場大餅

對於價格戰，很多人都有一種顧慮，怕價格戰反過來傷害到企業，因爲低價必然導致效益的降低。對此，聯想是如何處理的呢？換言之，價格與效益的矛盾如何才能統一起來呢？這恐怕不僅僅是一個理論問題，還是一個市場問題。可是聯想有能力在短短幾個月裡連續大幅度降價嗎？是不是也在賠本賺吆喝，還是打腫臉充胖子呢？當時有不少人擔心：聯想還能撐多久？這些懷疑是可以理解的。但電腦行業的更新換代之快，眾所周知，降價既是技術創新的必然結果，也是市場規律的客觀要求。

那麼，聯想不斷降價是否還能獲利呢？答案是肯定的，聯想的降價是有備而來，並且聯想是降價也賺錢，並且賺得更多。第一次，聯想從市場營銷四部分中的價格上找到突破口，打勝了攻堅戰。因爲聯想有一些具體的優勢和措施，可以化解降價帶來的利潤損失。

電腦降價是大勢所趨。首先，電腦主要零件價格不斷下調，使電腦降價成爲可能，而且誰能夠快速做出市場反應，誰就可以搶先佔領市場。

其次，近幾年來國外大廠商紛紛在中國設廠，產品成本下調，對國有品牌造成極大威脅，如果不在價格上爭取優勢，很可能失去來之不易的市場。聯想降價還能獲利，最關鍵的因素是規模效益、科學的內部管理和市場運籌能力。

■**首先是規模效應的作用**。大規模的生產和充足的產品使連續性、主動性的市場行爲成爲可能。

■**聯想內部運籌能力較強**。電腦最爲核心、最爲昂貴的零件是ＣＰＵ，市場上賣一萬五千元的最新一代ＰⅢ型電腦，其ＣＰＵ的價格就值五千元，占了三分之一。由於世界上只有Intel、ＡＭＤ等少數技術及資金雄厚的廠家能夠生產，而主流中高階ＣＰＵ市場又幾乎全被Intel獨佔，所以每當推出新款ＣＰＵ時，大幅降價便成爲家常便飯。

回顧個人電腦的數十年歷史，沿著「每隔十八個月，晶片的性能將提升一倍」這一著名的摩爾定律發展，電腦從二八六、三八六、四八六一直走到現在。電腦是社會化分工很細、很發達的產業，國際、國內電腦廠商都要從專業廠家購買ＣＰＵ，所以早期的競爭是誰能夠率先得到最新一代的ＣＰＵ，誰就能率先推出最新一代的電腦；誰能夠率先運用最新一代ＣＰＵ的技術，形成規模化批量生產，誰就能掌握市場的主動權，這也是一九九六年以前國外品牌的主要優勢之一。

由於以聯想為首的中國品牌在中國這一迅速增長的大市場上，利用本地化生產、小步快跑的營運優勢，迅速解決了綜合成本問題，再加上發達的渠道保障體系使貨物順暢流通；更加適合中國人使用；整體策劃、出奇制勝的市場營銷，使得聯想成為一九九六年中國電腦市場最具競爭力的整機生產廠商，也帶動中國電腦市場的競爭朝向全面綜合運營能力的更高層次競爭。

良好的企業內部運籌能力使聯想能夠把最先進的技術和產品以最低的價格、最快的時間給用戶，用戶不必承受因企業運籌不好、庫存積壓等原因帶來的額外成本。因此聯想制定出「短、平、快」的營銷戰略，這種戰略使得庫存少、資金周轉快，很適合電腦業的特點。

一般來講，決定電腦產品價格的主要因素是採購原料的時間與價格。柳傳志有一個「小步快跑」的方法，就是把價格變動不大的部分先裝配好，而把價格變動大的部件在出廠前現買現裝，其他原材料的採購也壓縮在最短的時間內。這樣既減少了因原料價格下降而造成的損失，又進一步為降價創造了空間，讓用戶對電腦的最新技術產品實現「零等待」。

強化內部管理。使管理成本及其它各項費用都逐步降低。

依靠技術上的優勢。聯想因有了強大的研發力量作爲後盾、保障，成本才有可能降下來，市場價格自然也跟著降下來，所以聯想在盈利方面還是有保證的。

依據市場規律，想要在市場上取得價格的主動權，除了要有相當規模的市場份額之外，同時也必須要有良好的運營效益爲基礎。聯想在這些年的發展中，已經累積了連續降價的實力，有能力將國際上最先進的電腦技術以用戶可接受的價格推向市場。

一九九六年之後，柳傳志繼續頻頻出手，一九九七年九月聯想在上海舉辦「龍騰東方，聯想九八」大型市場推廣活動時，宣佈聯想商用電腦價格下調十六%，繼聯想「奔月」2000・3220破萬元大關後，再破九千元關口，帶動了中國PII型時代的到來。此舉同時有效地阻止了國外品牌向中國市場傾銷其庫存的多能Pentium電腦，大幅度地保住了中國用戶的投資。

一九九九年PIII的降價是聯想發起的第二次價格戰。一九九九年被視爲中外電腦品牌二十一世紀前在中國市場的最後一次決戰。是中國品牌憑藉對國人需求而提供更適合的產品和服務而繼續保持領先地位？還是國外品牌挾本地化生產及雄厚的資金優勢，不惜血本重新佔領中國電腦市場？這是一場沒有硝煙卻是業內外人士都能感覺得到危機與壓力的對抗。

一九九九年隨著PIII處理器的推出，國外品牌不甘心在發展最快、規模龐大的中國電腦市場的份額萎縮，必將藉機全力進行拼爭。國產品牌經過幾年的發展，已經具備了相當的實力和豐厚的市場經驗，市場份額就是生命，市場競爭不進則退。一場驚心動魄的中外電腦品牌大戰不可避免。

當各大中外品牌將同時宣佈在中國市場推出PⅢ型CPU的商用電腦時，如何抓住PⅢ型電腦在中國市場上市的機會，繼續擴大領先的優勢呢？聯想找到的切入點是圖形工作站。在桌上型式電腦高階的工作站領域還是國外品牌保持著優勢，而在國外品牌眼裡，中國市場不過是其全球市場中的一部分，因此在中國市場的圖形工作站應用領域，聯想有充分的空間施展拳腳。聯想研發技術人員利用了PⅢ型晶片新增了針對圖形的技術，開發出面向國人應用的專業化圖形工作站產品——補天1100。

爲了打好PⅢ型電腦中國上市這一戰役，柳傳志精心策劃了以推出中國市場首台PⅢ型圖形工作站的亮相方案，並將補天1100圖形工作站的價位直接定在一萬六千九百九十九元，而當時國外品牌PⅢ型圖形工作站售價在二萬到四萬元，這一價位無疑具有極強衝擊力。平民化的價格加上軟體優惠促銷的組合，補天圖形工作站月銷量直線上升，比一九九八年同期成長了五倍。PⅢ型處理器剛一推出時，雖然性能超群，但價格當然會偏高，聯想直接瞄準圖形工作站市場，以高性能價格比爲切入點，自然大獲成功。

一九九九年五月中旬，PⅢ型電腦傳出可能將大幅降價，以替代PⅡ型成爲市場主流。所有電腦廠商都在盤算，如何儘快搶先清理庫存的PⅡ型電腦，在五月中旬前搶在其他品牌前面降價。因此，當聯想、金長城在三月上旬幾乎同時宣佈PⅡ型電腦全面降價時，其他國內品牌隨即紛紛調價，國外品牌的主要精力還集中在其本土的大本營，對中國市場的反應落後國內品牌近一個月，四月上旬才採取行動。不過，來者不善，善者不來。IBM、HP一前一後拋出了標價僅八千九百九十九元的家用電腦和七千九百九十九元的商用電腦，引得媒體、業界為之側目。兩個電腦巨人藉本地化生產降低成本之機，不惜血本地拋出低階市場產品參與競爭，大有風雨欲來之勢。

柳傳志經過深入的分析，發現低價機型雖然很具競爭力，但畢竟僅僅只是一品。國外品牌一向主打高階市場，突然推出低價機型與其市場定位不符，對其高階市場品牌形象也有負面影響。國外品牌紛紛在中國投資建廠，加快本地化步伐的戰略，是國外品牌提高競爭力的必由之路。但本地化不應僅停留在利用較低的勞動力來降低成本，更為重要的是要針對中國人的使用需求進行電腦產品的本地化研發，因為以聯想為代表的本地電腦廠商已經廣泛推出適合中國人使用的產品來參與競爭，競爭已經進入更高的一個層次。

在第一輪調降後，柳傳志沒有因為暫時領先而放鬆，由於料到國外品牌在先失去第一個回合先機後將發起更為強烈的反撲，於是柳傳志在仔細分析庫存、採購、生產及銷售情況後，在一九九九年四月二日，聯想再次搶先全面大幅調降商用及家用電腦價格，其中商用系列電腦平均下調十%，最高達到十二·八%。金長城也於一九九九年四月上旬啓動代號為神風行動的第二輪降價。一前一後構成了國內品牌對國外品牌前後夾擊的態勢，也大大降低了國外企業拋出低價電腦的殺傷力。

引爆萬元「PIII電腦」大戰

第一輪亮相及PII型降價，第二輪中外品牌首次接火，兩輪調降不過是火力偵察，其實大家眞正的目的都是在爲PIII三型電腦成爲主流掃清道路。此輪競爭眞正的焦點在於萬元PIII型電腦由誰率先推出，看誰的價格最具震撼力。因爲萬元PIII型推出的時機極難把握，推早了廠家將無法獲得新產品較高的利潤，推晚了廠商的形象及市場先機將面臨巨大挑戰。因此聯想提前採購了充足的PIII型CPU，以保障聯想PIII系列電腦在中國首次露面的同時就能夠批量供貨。

由於第一輪和第二輪調降聯想在市場方面都搶得了先機，加上兩個多月的運籌，聯想PIII型電腦的生產和銷售早已形成規模，成本更是逐日下降，PIII型電腦進入主流價位，成爲大眾化、平民化產品的時機已經成熟。加上「五一」節放假三天及五月四日中關村電腦節開幕是銷售的良機，聯想於四月底引爆萬元PIII型電腦，此次聯想PIII型機型降至萬元，比許多人預想的要來得快。自萬元「奔月」消息發佈後僅十天，聯想已售出一萬台PIII型電腦，占十天總銷量的三分之一，可見得PIII型電腦銷售呈強勁上升趨勢。

在筆記本電腦領域，柳傳志同樣打了一場漂亮的價格戰，充分地利用了價格這一營銷的利器。從一九九九年五月十二日起，聯想對其筆記本產品四個系列進行大幅度的價格調整。甚至於一九九九年六月十一日，聯想宣佈東芝筆記本電腦全系列產品降價，正如市場曾經喧鬧一時的「萬元筆記本」理想所憧憬的那樣，聯想東芝主流系列的Satellite2520CDS將價格放到了一萬元這個「坎」上，因此激起軒然大波。

柳傳志這樣做的理由是：用戶更期待高性能價格比的產品，價格不是決定產品市場推廣的唯一因素，但卻是市場中最重要、最敏感的因素，與產品價格相伴的還有產品性能，即人們常說的「性能價格比」。所以就目前市場預期以及用戶心理來講，與其說用戶關注筆記本的低價格，不如認爲用戶更期待得到高性能價格比的產品。但目前筆記本市場的價格依舊高高在上，而「萬元筆記本」僅僅是一個概念，或是一台低性能過時的清倉貨。上述這種「萬元概念」常常引導著用戶和市場朝著一種「便宜沒好貨」的畸形市場發展。

聯想東芝Satellite2520CDS所帶來的萬元筆記本電腦徹底改變了「萬元理想」的意義，徹底改變了原有對低價筆記本的界定。首先，聯想東芝Saellite2520CDS的萬元價格來自於筆記本專用AMDK6——H 300MHk 3D NOW!的「1／4」理念，也就是比競爭對手價格便宜1／4。其次東芝筆記本嚴格的選件標準和內在品質指標，AMD K6——H300最後能融入東芝的整機技術當中，正是聯想東芝長期追求筆記本產品高性價比的結果和產物。而130STN所代表的實用型LCD顯示技術，等同於十四英寸CRT顯示器實現的有效顯示面積，比十二・一英寸LCD更具有長期保值性。這兩者相結合爲聯想東芝的萬元理想提供了一個眞實而穩固的價格平台。

在中國筆記本的電腦市場的開發和培育中，聯想東芝長期在倡導筆記本的應用「理念」。「筆記本向桌上型搶市場」一方面基於筆記本電腦性能的提高，而另一方面則基於筆記本電腦應用水平的提高。但是在「應用——普及」這一過程中，產品價格往往起了巨大的作用。

聯想東芝宣佈降價的全線產品中，目前與臺式機性能相媲美的高端產品，同時也具備基於實用性移動辦公需求的主流和超值型筆記本電腦。在以應用爲產品界定標準的用戶選購過程中，降價後的聯想東芝系列更容易接近用戶的選購支出底線，尤其針對企業用戶的大規模採購，聯想東芝的行業應用方案結合相對較低的筆記本採購成本，而透過企業用戶的使用則更容易促進筆記本產品長期的應用和普及。

就在聯想東芝筆記本宣佈全面降價的前一個星期，聯想東芝筆記本在一家權威機構的評比中獲得「一九九九年度筆記本電腦產品最佳服務」獎；就在聯想東芝宣佈降價的前一個工作日，聯想東芝邀請了在北京的二十多家大眾、ＩＴ媒體記者，召開「詮釋金牌——聯想東芝筆記本打擊水貨記者研討會」，並在會上再次重點強調「水貨筆記本電腦無法得到聯想的全面服務」。這是兩個表面上無關的事件，卻再一次明示了服務作爲產品拓展、產品附加值的重要作用。而清倉貨品與水貨都是以低價格爲誘餌，捨棄必要的售後服務和零件維修。而聯想東芝產品的萬元價格，則涵蓋產品售後服務價值，使用戶享有東芝產品全面的服務保障。從代理東芝筆記本電腦以來，聯想東芝的售後服務體系逐步成長完善，到今天，聯想已形成一個龐大的基於internet的電子維修系統和以金卡工程爲代表的用戶服務管理體系，聯想的服務系統已使其能夠保持一種長期品牌價值的、規模化的、高效低成本的技術服務運營模式。

在業界，低價PC業已成爲潮流，免費PC正在發起衝擊。個人計算產品市場正面臨著前所未有的挑戰。聯想東芝筆記本服務體系的強大，保證對低價筆記本中仍然存在售後服務的價值，並且聯想東芝又積極地發展其網路化的筆記本直銷店，並期望加強渠道末端的銷售能力。一系列市場態勢反映，「萬元」代表的「低價筆記本」正在大步地向人們走來，一個新的以實用爲標準的細分市場正在不斷成長和壯大。

柳傳志這樣做可謂「一石四鳥」，從中我們也可以看出價格在聯想整個營銷體系中的地位。

渠道爲王

新開業的1+1專賣店不僅爲家庭用戶提供了一個購機場所，還集諮詢、教學、展示於一體，分功能區、操作區、驗機處和培訓教室四大部分。

提到聯想渠道（通路），就不能不提到「聯想1+1」。「聯想1+1」指的是聯想1+1專賣店。聯想1+1專賣店是聯想所營造的一條出色的營銷渠道，幾乎成了一個品牌。從中我們可以看出，柳傳志對營銷渠道的建設是多麼富有創意！在「聯想1+1專賣店」推出之前，聯想首先推出的是「聯想1+1電腦」。

作爲「家用電腦」這個概念的倡導及推廣者，聯想集團在中國家庭市場的業績首屈一指。他們給自己的家用電器命名爲「聯想1+1」家用電腦。他們始終不把爲什麼叫「聯想1+1」的原因告訴消費者，留下了一個懸念。有人認爲「1+1」就是一個家庭一台，這表現聯想的胃口很大。聯想自己的解釋來自於數學領域那頂很多人都知道的皇冠，著名的數學家陳景潤對「1+1」有了領先世界的論證，但世界上還沒有人能對「1+1」加以論證，因此「1+1」表明聯想追求卓越的理想，而且把極具紀念意義的第十萬台聯想電腦贈送給了陳景潤。

聯想集團推出的第一代「聯想1+1」是一種零售價只有三千多元的電腦。這種電腦沒有硬碟，使用黑白顯示器。從運行軟體和學習電腦來看，這種電腦可以滿足要求。在一九九二年和一九九三年的時候，中國的電腦都是針對企業這樣的團體用戶，售價都在一萬元以上。「聯想1+1」是針對家庭的電腦，性能價格比與商用電腦有很大差別。準確地說，第一代「聯想1+1」是一般中國消費者很容易買得起和能夠用得好的電腦，這一點十分重要。價格太貴的電腦和過於複雜的電腦對於中國電腦這個未成熟的市場，尤其是家用市場都難以成功。便宜而易於使用的第一代「聯想1+1」把電腦對於中國家庭的兩層神秘性去掉了：一是性能操作的神秘性，二是價格的可望不可及。聯想人把電腦變簡單了，變便宜了。也因此，電腦才開始有機會進入收入不多、文化水平不高的中國家庭中。

一九九四年，聯想集團開始推出第二代「聯想1+1」電腦。此時，中國家用電腦市場開始升溫，越來越多的家庭有了購買電腦的欲望。「聯想1+1」第二代電腦保持了第一代電腦易於使用的特性，並且開發了一系列家庭用電腦軟體，從電腦配置等各個方面都比第一代高級了很多，零售價也提高到一萬多元。畢竟第一代「聯想1+1」電腦較低檔，市場一旦叩開之後，它就不能滿足人們使用高級精品電腦的要求了。消費者的購買普遍呈現一種規律，當接受一種完全陌生的商品時，他只會作試探性的購買。而一旦接受後，他會迅速產生購買更完美商品的願望。

位於北京、上海、廣州的六家聯想1+1專賣店，於一九九四年八月二十九日同時舉辦了開業慶典。這六家包括了位於北京的阜成門專賣、藍島專賣和西單專賣，位於上海的徐家彙專賣及廣州的友誼商店專賣和天河東路專賣。Intel中國區總裁簡睿傑、聯想集團董事長曾茂朝及聯想集團副總裁、聯想電腦公司總經理楊元慶出席了北京阜門專賣店的開業落成儀式。

當時的聯想集團副總裁、電腦公司總經理楊元慶在慶典上明確指出了專賣店的定位，他表示，專賣店將爲中國用戶提供更多的電腦應用支援，改變原來坐等用戶上門的銷售方式，以街道、學校、居委會等單位爲支點，深入社區，深入家庭，透過普及電腦知識拓寬家用電腦的市場。而Intel則在賀詞中表示，將與聯想一起，以專賣店爲基點，致力於家用電腦的產品及應用知識的普及工作，共同提高中國家庭的電腦應用水平。

柳傳志在聯想建立專賣店體系，其實是實現「大聯想」戰略的一個重要步驟。專賣店的建設是在原有渠道中，剝離並融入一些新的合作夥伴，共同組建一個針對家庭、滿足家庭用戶需求的新渠道，同時也可爲聯想的代理商創造更大的發展空間。

更重要的是，專賣店的體系一旦在渠道的供貨和配貨機制保證下，聯想在家用電腦供貨和市場反應上就幾乎接近於直銷，廠家具有了這樣的優勢，就能有效的降低渠道的運作。

由於電腦是應用和維護都很複雜的商品，大部分家庭用戶都不能很好地利用電腦，因此，新開業的1+1專賣店不僅爲家庭用戶提供了一個購機場所，還集諮詢、教學、展示於一體，分功能區、操作區、驗機處和培訓教室四大部分。在功能區中，能透過1+1電腦與各種相關軟硬體的組合，向用戶展示家用電腦的一些實用的功能方案，如家庭攝影、家庭網路、家庭影院等。讓用戶透過在功能區的視聽感受及店員的諮詢講解，瞭解家用電腦的各種功能，明確家用電腦到底能做什麼，同時透過在操作區的現場演練，提高自己的電腦應用水平。

此外，專賣店還特設培訓教室，用於專題講座，達到普及電腦知識的目的。總之，從專賣店的總體佈局就可看出，它不僅是一個聯想家用電腦銷售的新渠道，也將是新技術、新產品展示的視窗，是聯想爲家庭用戶提供全面服務的平臺。

啓動促銷引擎

爲了提高顧客的滿意度，聯想推行「五心」服務的承諾——「買得放心，用得開心，諮詢後舒心，服務到家省心，聯想與用戶心連心」，大大密切了顧客與公司的關係。

產品要順利地銷售，離不開客戶對產品認識與接受的過程。聯想構築了豐富的產品線，提供給消費者，但這些產品要消費者欣然地接受，還需要拓展各種多樣促銷方案。每年每一個系列的新產品推出時，聯想都會組織全國範圍的大型市場推廣活動。多年以來，透過這樣的市場活動，聯想累積了極爲豐富的促銷經驗。在這些促銷的過程中，聯想也不斷提高了自身的市場推廣能力，成功地培育了電腦市場，並憑藉其強大的實力和豐富的市場經驗大步向No.1挺進。

一九九六年五月，聯想在中國二十七個城市舉辦主題爲「聯想的世界，世界的聯想」的巡迴展活動。此次活動，採取了講座、座談與分層次的現場展示等宣傳活動，向中國用戶介紹計算機工業的最新動態、最新技術及產品，並加快了最新ＰＣ產業資訊在中國的傳播，起了培養市場、促進市場發展的作用。

同年末，聯想又精心策劃了一次以「一條聯想服務長征路，一片眞情承諾爲用戶」爲主題的服務萬里行活動，歷時一個月，在中國七大省市巡迴服務。此次活動分三個角度，一是向社會傳播電腦文化和知識；二是對電腦愛好者以講座的形式進行群體普及；三是爲聯想的微機用戶提供專項服務。這次活動不但進一步培育了市場，同時也以實際行動再次使聯想的品牌形象在社會上得到了提升和進一步認同。爲了達到普及電腦知識、服務社會的目的，聯想也積極致力於教育事業的投入。

一九九八年四月二十七日，聯想電腦在上海舉辦「龍騰東方，聯想九八」大型市場活動，提出了面對新世紀的「龍騰計畫」。一九九八年六月，聯想科技發展公司舉辦「網路科技，聯想九八」大型巡迴展，反響強烈。聯想電腦公司不甘示弱，於一九九八年六月二十日率先在中國開展暑期促銷，僅兩周就賣出了一萬五千套「聯想1+1家用電腦」。聯想在這次暑期促銷活動中，依據「升級、優惠、送大禮，聯想百萬饋國人」的主題，以大幅讓利回報廣大用戶，這是這次促銷極爲成功的一個重要原因。

「聯想1+1」電腦在PC市場疲軟時依然熱銷，不僅緣於價格的誘惑力，更取決於在促銷期間幫助用戶明確了家用電腦的功能所在。以往，商家在配合促銷的活動時，只強調低價位和高檔次，而忽視了一個十分關鍵的問題，即強調PC到底能做什麼，致使電腦與家庭實際應用脫節，阻礙了電腦功能的充分發揮。聯想則一改其他廠商的通常做法，所有活動均圍繞在家用電腦的功能，讓用戶知道電腦能幹什麼，進而把電腦用得更好。

「幸福之家」是與聯想一九九六年的天蠍一同推出的。它是一個更加友好的應用介面，不太懂電腦的用戶也能很容易使用，「幸福之家」可以說是聯想家用電腦的賣點之一。然而聯想不惜犧牲自己的利益，把「幸福之家」推上市場，允許更多的廠商把它作爲應用介面，其目的在於讓更多的用戶更加利用好電腦，進一步推動電腦市場的發展。

一九九八年十月，聯想展開北京「聯想、夢想、理想」大型市場推廣活動。同年十月聯想電腦「百城巡禮」活動在中國舉行。一九九九年，「聯想Internet中國行」是聯想有史以來規模最爲宏大、覆蓋面最廣、公司投入最多、系統性最強的市場推廣活動。此次活動貫穿公司整個市場推廣活動，它不僅向社會傳播電腦和Internet的普及知識，且進一步樹立了聯想電腦的品牌形象，加強了聯想與經銷商之間的聯繫，爲聯想電腦的持續熱銷打下了基礎。

一九九九年暑期聯想又推出「網際網路上新生活，聯想優惠送組合」的大型促銷活動，實現了七、八、九月份月月突破銷量的記錄。爲聯想「問天」舉辦的「世紀巡禮」，爲ＱＤＩ主板舉辦的「神州熱賣」等特色產品推廣活動也同樣卓有成效。「天禧」在Comdex大展上發佈，也引起了海外轟動。

聯想的促銷工作怎樣操作？以聯想在筆記本電腦市場上的經營情況爲例。一九九五年以前，中國市場上的筆記本電腦還極少，聯想在代理東芝筆記本電腦時，仍有許多消費者不知道筆記本電腦爲何物，就算有人買了也不知道筆記本電腦的多種功能，大多只是用來打打字、看看ＶＣＤ或玩玩遊戲。針對這種電腦應用嚴重滯後的情況，一九九七年聯想首先策劃了一場市場攻勢，以「移動科技，聯想九七」爲題，組織了一個大型的巡迴展覽講座，並爲筆記本電腦的應用提供了一系列的解決方案。這時，人們突然發現，筆記本電腦有如此眾多的應用，有如此方便的效果。

在銷售上，柳傳志建立了一個自己瞭若指掌的銷售網路，讓消費者可以更方便地挑選聯想產品。一張堅實的銷售網，是聯想成功的王牌，它由一批忠誠的顧客與代理商構成。這張關係網不僅給聯想帶來豐厚的利潤，更是聯想成功的基石。那麼，聯想這張關係網是如何結成的？那是因爲其成功地推行了關係營銷的策略。

聯想關係營銷的策略包括：首先，聯想與顧客的關係——心連心。爲了提高顧客的滿意度，聯想推行「五心」服務的承諾——「買得放心，用得開心，諮詢後舒心，服務到家省心，聯想與用戶心連心」，密切連繫了顧客與公司的關係。聯想非常注意在各個環節都與顧客保持聯繫，最大限度地滿足顧客的需要。

在購買前階段，聯想不僅採取廣告、營業推廣和公關等傳統的營銷手段，而且透過新產品發佈會、展示會、巡迴展等形式來介紹公司的產品，提供諮詢服務。在顧客購買階段，聯想不僅提供各種優質售中服務(接受訂單、確認訂單、處理憑證、提供資訊、安排送貨、組裝配件等)，而且幫助零售商店營業人員掌握必要的產品知識，使他們能更好地爲顧客提供售中服務。另外還推出家用電腦送貨上門服務，幫助用戶安裝、調試、培訓等。

在售後階段，聯想設立投訴信箱，認眞處理消費者的投訴，虛心徵求消費者的意見，並採取一系列補救性措施，努力消除消費者的不滿情緒。另外聯想還加強諮詢、培訓、用戶協會及「1+1俱樂部」刊物等工作，經常性地舉辦各種活動，如「電腦樂園」、「溫馨週末」等，向消費者傳授電腦知識、提供資訊、解答疑問。這樣，聯想創造和保持了一批忠誠的顧客。此外，忠誠顧客的口頭宣傳可發揮很好的蟻群效應，增強企業的廣告影響，也大大減低企業的廣告費用。

其次，建立健全的服務網路，提供優質的服務。聯想把幫助顧客使用好購買的電腦看作是自己神聖的職責，在「龍騰計畫」中提出了全面服務的策略：一切爲了用戶，爲了用戶的一切，爲了一切的用戶的經營謀略。

一九九九年九月末，聯想QDI主板和聯想軟體在十二個城市同時推出了「用聯想主板，遊聯想網校，建幸福之家」的活動，將聯想QDI主板與「幸福之家——精華版」和「聯想網校」月卡捆綁銷售，爲用戶提供整合硬體、軟體及追加服務的解決方案。捆綁銷售最關鍵之處在於必須保證捆綁在一起的產品無論在技術創新上還是產品質量上都應是上乘的，這樣才能保證捆綁之後既充分呈現各自的優勢，又能夠產生「1+1>2」的整合效應。

在這方面，聯想的優勢可謂得天獨厚。QDI作爲聯想品牌的電腦主板，在國際市場中享有良好聲譽，進軍國內市場更是志在必得。而「幸福之家」是聯想獨創的場景式功能操作環境軟體，不僅引入即時三維技術，採用家居式場景設計，而且方便快捷，各種功能一觸即發，爲家庭用戶提供網路、教育、辦公、娛樂、生活五大功能，其自然化、開放化、智慧化和人性化的設計深受家庭用戶的喜愛。聯想網校則是聯想軟體事業部爲適應Internet在中國的迅速發展而及時推出的資訊產品。三者捆綁銷售可以說整合了各自優勢，最終受惠的將是廣大家庭用戶。柳傳志這種嶄新的捆綁方式將技術創新與產品創新相結合，呈現了資訊時代產品銷售的新思路：即向用戶提供整合硬體、軟體及追加服務的資訊產品，爲用戶提供解決方案。

對於中國資訊產業而言，這樣的新思路無疑會爲產品不斷創新及爲用戶提供更好的服務創造更大的空間。

新世紀營銷變陣

> 只要聯想能互相信任，互相協作，統一部署，嚴格管理，聯想就將是一支永不沉沒的船隊。

在二十一世紀，隨著營銷重點的改變，柳傳志指導聯想的營銷策略也作了調整，主要表現在：

一、三三戰略

一九九九年十一月二十四日，聯想集團副總裁楊元慶在新產品發表會上，除了發表聯想新產品——天禧電腦之外，同時也宣佈了聯想集團面對網際網路時代的來臨而採取的重大戰略調整。這個戰略概括起來就是三個「三」：針向三類客戶群，提供三類產品，扮演三種角色。這三類客戶就是：家庭、企業和社會，也就是說聯想要促進這三類客戶上網，充分享受網際網路給大家生活和工作所帶來的便利。

按照這樣的發展思路，把其近期產品開發重點歸納爲三大類，第一大類是接入產品（或終端產品），它包括針對家庭的接入裝置。第二大類叫局端產品，它是給網際網路提供動力的，像各類應用伺服器——Web伺服器、資料庫伺服器、Mail伺服器等等，網路設備——路由器、交換機等。第三類是資訊/服務內容，包括入門網站——像聯想FM365。所以接入產品、局端產品和資訊服務就構成了聯想迎接Internet的完整產品線。

二、**市場定位策略**

調整後，聯想從原來一個單純的ＰＣ硬體供應商定位，轉型爲Internet技術和產品供應商、Internet應用方案整合商和Internet資訊服務運營商「三合一」的Internet全面供應商定位。這個轉型大概需要兩三年時間才能完成。隨後推出的世紀電腦就是轉型的第一步，在產品中包含了豐富的資訊服務內涵。以前聯想提倡軟、硬體一體化，如今升級爲三位一體化，即軟體、硬體、資訊一體化的理念。這是聯想集團順應Internet市場變化而採取的策略。

三、**結構調整策略**

二〇〇〇年四月，聯想被分拆爲「聯想電腦」和「神州數碼」兩大主體，分別交給楊元慶和郭爲負責，這是聯想的第三次組織上的大調整。在此轉型中，不僅看到一家中國ＰＣ巨人的轉型，還看到柳傳志對於企業組織戰略的深思熟慮。

長期以來，聯想集團旗下的聯想電腦公司和聯想科技公司都在各自的領域獲得了很大的成功，他們的成功也使得聯想集團的股票在香港市場上一路飆升，令世人矚目。但是隨著業務的不斷擴大，聯想電腦公司和聯想科技公司的業務之間出現了一定程度的交叉，兩個公司在產品銷售、市場劃分、渠道建設等方面都產生了一些摩擦。

更重要的是，這兩個公司都採用「聯想」這一品牌，一些股民對聯想究竟是做自有品牌還是代理商這一問題的認識比較模糊，時間一久，這種現象對聯想股市業績的成長將產生不利的影響。

因此，聯想集團內部開始了自上而下的調整，最終的結果已經初步敲定。聯想集團高層認爲，聯想集團內部的這種調整將更有利於兩個公司相對獨立地健康發展，對雙方業務的發展和整個集團的發展都將更加有利，同時聯想在股民心中的定位將更加明確，其業績也將在此基礎上繼續上升。調整後的聯想科技公司，在更名後將會在一段時間以後獨立上市，許多人對此表示了濃厚的興趣，他們認爲上市後的聯想科技也將會取得更好的成績。

四、研發改革策略

二〇〇〇年，柳傳志對原有的研發體系進行了一些調整，主要是將由計算所直接管理的聯想研究院改爲由聯想集團管理。改革後的計算所仍然是中科院的直屬機構，保持獨立的法人地位，計算所與聯想的結合在管理上強調企業文化的滲透，在業務上則盡可能地按照市場規律來運作。即使在聯想研究院劃歸聯想集團直接管理之後，計算所與聯想的緊密合作關係也沒有絲毫改變。計算所與聯想的科研人員仍根據研究開發任務的需要，進行相互流動。

同時，計算所理事會要對聯想研究院進行宏觀指導和監督，聯想研究院領導要參與計算所的規劃和工作計畫的制定；聯想要優先使用計算所的研究成果，優先委託計算所進行中長期的戰略研究工作。聯想在自己的實踐中逐漸懂得，要不斷地產生技術，並讓技術不斷地轉化爲產品，就需要工程化的開發，而要讓一個接一個的產品不斷地轉化爲大規模生產和銷售的產業，就需要依賴於企業化的管理。

所謂工程化的開發就是一個矩陣，橫軸是研究開發的各功能塊，它是一個前後工序的關係，包括有研究最新技術的技術發展中心，有對系統總體負責的系統設計中心，分解任務後具體負責開發的硬體設計中心和軟體設計中心，最後有測試中心和工程化中心。而縱軸是按項目組來劃分的，從項目一到項目N，每個項目組都是由各功能中心中的若干人組成的。項目完成後解散再回到各功能中心去。組建新專案時，他們再被重組，這樣的架構確保了聯想能源源不斷地開發出市場上需要的產品。

所謂企業化的管理和工程化的開發有異曲同工之處。它的含義是要爲每一個產品設立一名產品經理，然後由他來負責這個產品的研究開發、生產組織、市場推廣以及服務方式，利用公司現有資源，適時地把各環節串起來。這樣可以確保它最終可以批量生產和銷售。因爲聯想認爲一個產品即使設計得再好，如果因爲企業經營中某一個環節比較弱，也完全可能不會達到預期的規模目標。

聯想在「貿、工、技」發展戰略貫徹過程中，當「工」走到成熟的時候，也就是目前聯想集團面臨新突破的時候，「技」便成爲聯想的重點方向。「技」該怎麼走？聯想已有自己很深的想法，在技術方面，前兩年聯想把集團技術隊伍分配到事業部裡，把他們逼到了離市場最近的地方。回過頭來總結經驗，證明這種結合是有意義的。聯想電腦公司和聯想系統整合公司都是成功的例子，「幸福之家」軟體發展難度並不大，它的成功在於適應了市場的需要。從聯想的戰略構思看，這是「技」字的第一階段。

第二階段，是設立自己的中央研究機構，進行前瞻性的研究。

柳傳志要做兩件事：第一件事是結合聯想中央研究機構與聯想的技術隊伍，規劃出一個符合中國資訊產業發展情況的研究開發大綱，這個大綱不僅要符合電腦行業發展的規律，眞正找到中國資訊產業的突破口與聯想集團的突破口，而且要搞清楚聯想未來的力量應集中放在什麼地方，同時還要考慮到中國資訊產業的各發展環節哪些最需要力量，聯想怎麼能與別人合作。

第二件事是根據上述的開發大綱立項，而且將每一課題的成果轉換爲產品，評估產品的產量，依據市場需求客觀地研究，從組織架構、經費管理等來保證成果的轉化率。比如有十個科研成果，有幾項能形成產品、有多少能形成商品、有多少能形成市場、有多少能推得出去，這些都需要公司不斷地去進行總結。中國的民營企業，雖然也能形成跟市場相結合的研究隊伍，但卻還無法形成一種前瞻性的綱領。對這一點聯想公司看得比較清楚，他們認爲完成這樣的事情不能太心急，希望能夠在兩年之內整理出一套完整的方案。楊元慶對公司的研發體系戰略目標非常明確，聯想集團最終是要發展成爲以技術爲主導的企業。

五、人才策略

聯想業務分拆後，得益於聯想公司多年來對年輕人的培養和儲備。公司能否很好地進行分拆或設立新的分支機搆，關鍵在於有沒有業務領導人。就聯想而言，如果還有領導人，分成三塊甚至多塊也是可能的。聯想在選擇發展時，一向是考慮項目、資金和人三要素，有了好項目，沒有錢不能幹；有了好項目，也有了資金，但是沒有合適的人才也不能幹。聯想集團注重人才的培養和對年輕的企業領導人的重用。客觀地講，聯想集團新世紀的重點，並不在PC企業向網際網路企業轉型，而是把聯想一分為二，將兩杆大旗交到了楊元慶和郭為手中。中國企業發展的瓶頸從來都是領導，但柳傳志卻以他的開放性和包容性為聯想突破自身瓶頸做出了卓越的貢獻。

此外，聯想為配合資本運作和投、融資業務的開展，柳傳志大膽起用新人。任用年輕的朱立南擔任聯想第三位企業領導人。柳傳志讓朱立南統率的企業，正是聯想醞釀已久的「聯想投資有限公司」。也因為朱立南的亮相，使得大聯想戰略的最後一部分終於浮出水面，三足鼎立，框架搭建完畢。

六、五〇〇強企業戰略目標的制定

一九九八年，聯想的銷售收入折合超過二十億美元，成為中國電子企業百強之首。於是，柳傳志提出聯想進入五〇〇強的目標。一九九九年是聯想創立十五周年，距離聯想年銷售額一百億美元的目標還有五年。此時，全球五〇〇強最後一名的年銷售額為九十億美元，跨過這一關，就意味著進了五〇〇強的門檻。

柳傳志說：「這一數字每年都在變，聯想不敢肯定那個時代的一百億美元，就能跨入五〇〇強。」從二十億到一百億美元的飛躍，聯想這一步將怎麼走？柳傳志的戰略步驟是：

第一步，以中國市場爲主，形成自製產品和軟體服務兩大系列，產品系列包括伺服器、網路傳輸設備、網路終端設備、數位化辦公室產品及軟體服務系列等。

第二步，大概在二〇〇三年，聯想將形成規模製造和設計能力，爲國際品牌的企業提供OEM和ODM產品。

第三步，如果前兩步戰略順利完成，聯想集團將發展成爲一個擁有「國際品牌」的公司。希望在二〇〇五年以後，聯想的營業額達到一百億美元，邁入世界五〇〇強企業之列。

柳傳志認爲：「在西方，並不是每個企業都專注於技術，一些有市場推廣能力的大公司可以購買或合併有技術優勢的小公司。」他認爲中關村與矽谷相比，除了缺風險基金，更缺這樣的大公司，聯想想做這樣的公司。

柳傳志表示：「聯想，首先專注國內市場，成爲中國市場主力品牌；其次通過OEM，爲國外知名品牌生產；其三積聚力量成爲國際品牌企業。」

柳傳志認爲聯想當前的問題是：第一、過去過分強調分銷銷量。大多數夥伴的心態都是要銷量，反之開拓市場、開拓行業的力度不夠，就那麼大一個市場的「餅」，你爭我奪；第二、政策導向不好，可操作性不好。但儘管沒有百分之百滿意的政策，但如果更細心些，這些就會做得更好；第三、部分大區負責人和業務代表的控制力度有問題，不敢管、不會管的現象太多，政策把握尺度、對聯想文化的認識有很大差異。這又有兩個原因：一是能力問題；二是腐敗問題，因爲索賄、受賄，而無法擺正「公正」的天平。

聯想認爲：「無論Internet怎麼發展，資訊產業怎麼變化，有兩點是不變的：一是廠商和客戶的關係永遠需要，聯想不能想像，一個要買幾百台電腦的客戶，在沒有和廠商的任何業務員接觸過就會下訂單給它；二是廠商給客戶服務的要求不會變，上門安裝、培訓、諮詢、維護、升級。因此，代理夥伴應更貼近客戶，爲客戶提供各種圍繞產品的增值服務，體現自身價值，增加利潤。」

但是，既然是一支榮辱與共的船隊，就得要有統一的部署，就得要有一定的紀律，否則你不想散也得散，兄弟艦隻沉沒了，你遲早逃不過同樣的命運。這個部署就是所有的代理商從「大聯想」原則出發，按照商用、家用等產品類別，按照分銷、行業代理以及（面對中小客戶的）經銷商，按照地域來劃分代理類別，分工協作，減少競爭，嚴格控制批發，縮短銷售通路。等到這樣的分工明確了，並有效地執行了一段時間，並因此而擴大了一些專業市場之後，聯想就會要求產品部門徹底按照聯想主要的客戶群來訂制產品，這樣就會進一步減少衝突，保持市場秩序，才會使聯想走上良性循環軌道。

在這方面，聯想嚴格執行對「大聯想」戰略部署的管理力度，他們強調代理制必須在一定的遊戲規則下行事，對於違反遊戲規則的不嚴格處理，就是對嚴格遵守規則的那些公司不公平。對此，聯想嚴格信守諾言，目的是建立起堅實的、完整的代理機制和國內代理體系。楊元慶說：「聯想有信心做到這一點。既然已經到了生死存亡的時候，聯想還怕什麼？爲了保證聯想這支船隊不沉沒，聯想只有同心協力地抗敵、堵漏洞。」

在全國代理商工作會議上，柳傳志讓楊元慶對代理商公開承諾：「對於聯想做得不好的地方，要堅決改，不合理的政策要立即修正，爲謀私利而喪失公正的聯想員工，聯想一定給予最嚴厲的處罰。但這需要代理夥伴配合聯想——經常從公正角度爲聯想提合理化建議，提你們對政策的看法。對於聯想員工的腐敗行爲，有兩點希望：一是不主動提供所謂『好處』；二是有問題及時通報。希望大家率直，不鼓勵匿名。聯想也將加大力度培訓業務人員，提高他們的業務能力和素質。儘管聯想目前面臨著很大的挑戰，甚至是危機，但我相信：只要大家能互相信任，互相協作，統一部署，嚴格管理，聯想就將是一支永不沉沒的船隊。」由此可以看出聯想集團在實施「大聯想」戰略過程中的決心和信心。

鍛造核心競爭力

聯想之所以有今天的成就，在於它不斷提高自己的運籌能力；一句話，它的成就在於其運作的卓越。

柳傳志認爲，不是控制成本，而是充分利用成本的運作，才是其取得競爭優勢的利器。在中國，聯想電腦公司占了好幾個第一：中國第一台四八六電腦、第一台Pentium電腦、第一台高能Pentium電腦、第一台多能Pentium和PⅡ電腦都是在聯想誕生的。

繼聯想桌上型電腦在一九九六年高居中國國內市場榜首之後，一九九七年，聯想電腦銷量突破五十萬台，佔據中國個人電腦市場冠軍。據美國International DataCroup（國際資料公司，簡稱IDC）的一項調查顯示，聯想電腦一九九八年第一季度在中國市場的市場份額處於遙遙領先的冠軍地位，占十二·九％，比位居第二的IBM高出近六個百分點。

聯想之所以有今天的成就，在於它不斷提高自己的運籌能力。柳傳志解釋道，所謂運籌就是指市場預測的準確性、技術開發的前瞻性、銷售渠道的通暢性、採購時機和數量的準確性以及庫存結構的合理性等涉及物流控制方面的能力。一句話，它的成就在於其運作的卓越。

IDC中國部總裁德富查指出：「聯想的分銷渠道非常高效，能夠積極有效地推動聯想產品。」康柏大中華地區總裁余斐裡也在《福布斯》雜誌上寫道：「他們在應用最新技術時，比外國企業迅速得多。他們的管理隊伍非常年輕，具有很強的創業精神。」眾所周知，聯想一直以來都在利用本土企業貼近市場的優勢，採取低價戰略來贏取市場。

正如柳傳志所言：「降低成本這四個字是我們競爭的訣竅。」聯想的戰略思想是，如把技術進步得到的利潤，也就是DRAM、CPU升級、降價而得到的利潤，及時以整機降價的方式讓給用戶，以換取市場份額、得到更大的絕對利潤。

聯想運作卓越的價值取向建立於以下幾點基本觀念之上：

一、戰略夥伴關係

聯想與供應商建立起穩定的戰略性夥伴關係，使供應鏈縮到最短。在採購上，聯想並不追求每時每刻的壓價，而是保證長期的成本較低。聯想與Intel、ＨＰ和東芝等企業建立的不僅是買賣關係，而是技術與產品合作關係，推動管理層的相互學習和交流。《福布斯》雜誌引用ＨＰ一位經理的話說：「聯想與我們同成長。他們從ＨＰ學會了分銷渠道的管理。」現在，聯想並不是簡單地從事ＯＥＭ（組裝生產），而是更進一步從事ＯＤＭ（設計生產）。

聯想與日立合作推出的「問天」電腦以其精巧的設計而著稱，綜合了桌上型機和筆記本電腦的優點。在開發過程中，聯想負責設計和組裝，日立則負責液晶顯示，使產品保持了一流的技術、設計和質量，深受大酒店和銀行的歡迎。正是這種戰略夥伴關係，使聯想得以走在技術與管理的前列，將最新的技術和優異的質量用最快的速度送給顧客。

二、培養成本管理意識

與此同時，聯想在企業內部培養成本管理的意識和能力，並建立一種成本管理模型，使企業中每一個人都知道每花一分錢就減少一分競爭力和一分利潤。因此，企業每一個人花一分錢，都要問問能給產品帶來什麼價值。

柳傳志認爲，不是控制成本，而是充分利用成本的運作，才是其取得競爭優勢的利器。聯想電腦公司執行副總經理杜建華說道：「每個公司要做的事情就兩件：提高產品對用戶的價值和降低產品成本。公司所有規範、流程、人員、人員的崗位責任、制訂各種制度和做各種事情的根本出發點就是這麼兩點，應該說，做每一個事都要折射到、都要映射到增加價值和降低成本。如果某一件事情折射不過去，這件事就不要去做，就沒有意義。」

三、發展可靠的銷售渠道

據ＩＤＣ的調查，中國最大的五十家分銷商把準時交貨、產品定價、維修服務質量、分銷商技術培訓及產品的贏利度看作五大最重要的需求。然而其中有三項，即產品定價、準時交貨和產品贏利度是他們最不滿意的。

聯想從一九九四年起開始建立完全的代理體制。爲了建立一個穩定高效的營銷網路，聯想對代理實行承諾制，確保爲代理提供質量可靠、技術領先、品種齊全的產品以及合理的價格體系和市場監督機制。爲了讓代理更放心地經銷聯想產品，聯想公司還建立起雙軌制的銷售渠道和服務渠道，以提供良好的售後服務保障。在保障代理利益方面，聯想透過加強自己的內部管理和運籌能力來降低成本，以提供一個極具競爭的價格，確保代理夥伴的利益不因競爭而降低。

四、及時調整組織結構

一九九四年，聯想微機事業部（即聯想電腦公司的前身）成立，就改變了多頭管理的狀況，將電腦的研發、生產、銷售集中到一個部門去操作。原來涉及到微機業務的二十多個部門三百多人被簡化設置爲六個大部一百二十多人。

一九九五年，柳傳志給聯想公司設立了商務部和物控部，加強從採購生產到接受訂單、發貨整個物流的全面控制，使之更加高效率、合理。一九九六年，柳傳志有鑑於市場部和銷售部這兩個關係非常密切、非常需要配合的部門缺乏統一指揮、協調，致使前端的市場和後端的銷售脫節，將銷售部和市場部合併爲統一的市場部。到一九九八年，柳傳志又根據市場細分趨勢，把業務分得更細。電腦公司被調整爲四個利潤中心、兩個成本中心和一個費用中心。它們分別獨立核算，互爲客戶，即形成成本運作。這一切的結構調整都是爲了更清楚地突出顧客價值，優化成本結構，使聯想更好、更快地回應市場。

領跑Ｐ４和ＬＣＤ時代

聯想已成爲中國Ｐ４電腦的絕對領先者，是Intel鞏固中國市場最重要的一個砝碼；而聯想與Intel仍是不可動搖的重量級的戰略合作夥伴關係。

業界有種說法，Intel每推出一種新技術，就能成就一家電腦公司，Ｐ１成就了康柏，Ｐ２成就了戴爾，Ｐ３成就了中國市場的聯想，Ｐ４將成就中國市場的ＴＣＬ。但事實並非如此。根據Intel的統計表示，聯想「P4」電腦出貨率在全球居第三位，高於聯想的是戴爾和Gateway。

二○○一年夏天，PC大戰起。北京乃至中國電腦銷量最大的綜合性商場——藍島商場已經成爲各品牌廠商爭奪市場的大舞台。聯想集團蓄勢已久，柳傳志讓總裁楊元慶披掛上陣，在藍島的聯想1+1專賣店站店銷售，幫他賣電腦的不是聯想員工，而是全球最大的晶片生產商Intel副總裁兼亞太區總經理陳俊聖。兩位總裁配合默契，短短一個小時的現場銷量即高達二百七十六台。

是誰導演這場戲？據透露，是Intel策劃的。這個答案肯定讓業內人士跌破眼鏡。Intel藉P4扶持TCL以制衡聯想，以及聯想欲投抱的傳言紛紛擾擾，雖然當事雙方對此都保持低調，但仍使不少人懷疑聯想和Intel共築能扛多久。

柳傳志以實力說話當然勝過其他廠商的豪言壯語，因此對於Intel而言，鞏固與聯想之間的特殊關係，不管是出於遏制競爭對手的戰略需要，還是出於最直接的經濟利益需要，都是當務之急。因此也就不難理解Intel高層到商場主動「幫」聯想賣電腦了。這場戲不僅在北京演出，同一天在另外兩個經濟中心上海和廣州，Intel高層全體出動和聯想聯手推出了類似的活動。如此賣力地給一個廠商搖旗助威，對於Intel來說是史無前例的做法，這無疑是爲了向聯想表明心意，也是向業界發出清晰信號：聯想已成爲中國P4電腦的絕對領先者，是Intel鞏固中國市場最重要的一個砝碼；而聯想與Intel仍是不可動搖的重量級的戰略合作夥伴關係。

回顧P4步入中國市場主流過程中，不僅讓人感歎Intel「翻手爲雲，覆手爲雨」的老謀深算。借TCL這樣的新興廠商做先行者，發揮「鯰魚效應」，將P4電腦從高端推向主流，借此削減AMD持續不斷的壓力，繼而支持聯想等大牌廠商全線推進，擴大銷售。這一策略獲得巨大成功，P4在中國銷售熱潮出人意料，竟成爲世界各地中P4賣得最好的地區。而聯想在剛開始推動P4家用電腦時雖顯過於持重，但蓄勢而動，後發制人。液晶電腦出其不意，一舉抵消TCL曾一度取得的注意力優勢，並借助自己雄厚的實力，轉瞬間就不動聲色地佔領了P4市場七十%份額，從而手握液晶和P4兩張王牌，顯示出對市場的操作是如此的遊刃有餘。自然而然，這也更加強化了聯想在Intel全球佈局中的分量。

幾乎與此同時，聯想集團與全球六家主要的液晶顯示集團IC-PHILI PS LCD、中華映管、瀚宇彩晶、冠捷電子、PHILIPS及唯冠集團，在位於北京新落成的聯想大廈舉行了高峰會議，會後舉行了隆重的液晶電腦策略合作簽約儀式。聯想表示，將與六大液晶巨頭建立全方位多層次的策略合作關係。與會液晶廠商也一致同意採取措施，與聯想攜手加速推進液晶電腦在中國的普及。此舉使二〇〇一年是中國PC「液晶電腦年」的說法一錘定音。

柳傳志和各廠商達成了長期液晶技術的開發合作協定，共同開發針對數位時代的液晶產品。各液晶顯示大廠承諾給予聯想集團最大的支援：包括全球最優的價格；超A級最優質量的液晶屏供應以及最優先順序的供貨保證。同時，聯想在簽約儀式上和六大液晶顯示巨頭簽定了中國IT界有史以來最大一筆單項採購意向書：在簽約起的未來半年時間內，從上述廠商處購買六十多萬套超A級管液晶顯示器，價值人民幣十八億元以上。

柳傳志之所以聯合全球最主要的液晶廠商進行策略合作，主要是基於以下幾個方面的原因：

首先，柳傳志此舉是切實落實在武漢舉行的消費IT策略發佈會提出的未來三年HOME畫的第一步。未來數位家庭中液晶顯示無所不在，液晶顯示具有平面、超薄、可移動、無閃爍等特點，是聯想關注的重點底層技術。與最上游的液晶屏廠商結成縱向聯盟，能夠使聯想獲得產品開發優勢，爲後續新品的推出提供保障。

其次，是因爲自聯想以破萬元的震撼價格推出液晶電腦以來，市場反應異常火爆，各廠商紛紛跟進。進入暑期以後，幾乎所有PC廠商都推出了自己的液晶電腦，用戶反應也異常熱烈，先付押金再提貨的現象在聯想專賣店已屢見不鮮。聯想家用液晶電腦從占總體銷售比例不足一%已上升到五十%；僅一個月聯想就售出五萬多套。聯想預計液晶電腦的銷量將超過六十萬台，占到聯想整體家用PC銷量的六十%以上，遠遠超出權威機構年初的十九萬台的預測。

由於整個市場的啓動和引爆，需求一下暴漲，而液晶廠商卻對市場估計過於保守，導致供貨不足。因此，雖然各品牌機紛紛推出萬元以下液晶電腦，但市場上十五吋液晶顯示器的市場零售價格依然堅挺，甚至還有上漲趨勢。聯想與這六大液晶廠商簽約，將可以確保獲得穩定充足的貨源並保持低成本運作。

第三，隨著家庭數位化進程的加快，液晶顯示將成爲家用電腦和其他數位產品必備要件。聯想與上游廠商結盟可獲得最強的產品支援。聯想以大規模計劃性採購方式不僅可享受最優和最穩定的採購價格，還可以獲得最優等級的質量保證；而且，雖然全球特別是中國市場液晶顯示需求猛增，可能導致下半年液晶屏供應出現短缺，但聯想透過策略合作方式與上游廠商建立「親密關係」，從而獲得最優先順序的供應保障，使中國用戶享受到全球範圍內質量最好、價格最優惠的液晶電腦。

液晶顯示廠商透過與聯想合作，一方面可以借助聯想的科技力量進一步優化產品設計。另一方面聯想十八億元的大單，使廠商可以放心進行大規模有計劃的生產，減少因需求波動帶來的庫存壓力。最後借助在中國市場佔有四十%份額的聯想電腦強大號召力，可以迅速開發出中國的液晶市場潛力，這無疑是個雙贏的過程。簽約儀式上，從韓國專程趕來的IC-PHILIPS LCD公司社長具本俊先生表示，中國已成爲全球液晶顯示需求增長最快的地區，蘊含著驚人的市場潛力。聯想作爲中國液晶電腦市場的先行者的領導者，是液晶廠商開拓市場空間的最佳合作夥伴。IC-PHILIPS LCD公司願和其他廠商一起與聯想攜手，共同加速推進液晶電腦在中國的普及。

茅台酒質量，二鍋頭價格

柳傳志的「茅台酒質量，二鍋頭價格」對於聯想來說是一種高昂的代價，但也同時促使聯想在經營管理和市場考驗方面走向成熟。

在起步階段如何取得微薄的利潤？是一個很重要的問題。對於這個問題，柳傳志認爲做市場，就必須實行「茅台酒質量，二鍋頭價格」策略。商品到最終是一個市場承認和一個市場接受問題，其性能和價格是市場接受的條件。聯想在國外市場的成功，其代價必須拿出比發達國家還要好的產品，比發達國家同類產品便宜的價格銷售。一九八九年，聯想電腦板卡銷售最多的月份也只是銷售了三千多塊。規模小，因此元件採購量小，採購價格高，造成每一塊主機板的單位成本高。又由於要擠進國際市場，必須以低價格銷售，用柳傳志的說法叫「茅台酒質量，二鍋頭價格」。

一直到一九九〇年結束，聯想電腦板卡在海外始終是賠本銷售。柳傳志知道，他的戰略會遇到什麼困難。他只有三十萬港幣，一塊錢一塊錢貼到每塊板卡裡，用不了幾個月他就要把伸進去的那一腳收回來。聯想又不想從政府那裡要大筆的資金作財務支撐。所以，聯想在自己海外計畫的第一步裡還有一招棋，就是從事外國電腦的貿易分銷。貿易是有利潤的，用貿易的利潤補到板卡製造業，每一塊主機板差不多要補十幾元美金。有了貿易的利潤，聯想集團就可以在板卡上持之以恆地採用「茅台酒質量，二鍋頭價格」，一直到聯想電腦板卡在世界市場牢牢地佔據一席之地。

由於「茅台酒質量，二鍋頭價格」策略，再配以選擇低檔機型二八六的主機板作爲突破口，在產品開發上形成「以己之上馬對發達國家之中馬」，從而確保自身優勢。由於這樣一些措施，聯想電腦板卡從零起步，由月銷幾百塊一直發展到一九九〇年底的月銷五千塊，終於擠入競爭殘酷的國際電腦市場。

事實上，當時在歐美電腦展覽會，幾乎沒有看見中國的產品。因此，要擠進去就必須優質低價。由於中國勞動力便宜，生產成本低，可以做到低價這一點。到了九〇年代初，聯想二八六可以說達到了「茅台」的質量，但賣「二鍋頭」的價。這就是「茅台與二鍋頭」策略的產品在海外具有競爭力的原因。

從聯想電腦板卡擠入國際市場的歷程來看，前兩年由於不能立刻形成規模經濟，雖然性能質量優異，但整體是賠錢的。

在這種情況下，柳傳志等人沒有動搖，他們用貿易賺取的利潤投到電腦板卡上，堅定不移實施「茅台酒質量，二鍋頭價格」的銷售策略，排在世界主板市場前五名。在中國國內市場同樣如此。由於世界知名電腦廠商其經營早已形成規模經濟，部件成本、生產成本較低，而且資金雄厚。這就逼得聯想不能不以「茅台酒質量，二鍋頭價格」的銷售策略來佔領和保住市場。

第六章

打造強勢品牌

衡量名牌有三條標準，首先，名牌要有創利能力；其次，在時間上要具有持久力；最後，還要在空間上具備擴張能力，不僅在國內是名牌，在國際上也要是名牌。

——海爾CEO：張瑞敏

四兩撥千斤

柳傳志表示，經濟發展靠市場，開拓市場靠品牌。如果說二十世紀決定世界經濟格局和國家經濟地位最重要的因素是科技水平，那麼，二十一世紀，必定是市場資源。

在中國人的心目中，聯想品牌的魅力相較於國外的ＩＢＭ、康柏、ＨＰ也毫不遜色，這說明了聯想的品牌塑造是非常成功的。進入九〇年代以後，越來越多人開始重視品牌的問題，柳傳志認爲：品牌是企業市場資源的集中呈現。企業的目的是滿足消費需求從而發展自己，爲了達到此一目的，企業就必須從產品研發、市場營銷、售前售後服務等多方面來提高與完善自己。企業在這些方面的努力作爲一種成果，最終是呈現在企業品牌形象上的。企業的行爲滿足消費需求程度越高，它的品牌形象越好，市場成就越大，往前發展的市場空間越廣闊。從衡量企業的角度說，品牌形象就成了一把尺。

二十一世紀是市場資源。譬如說，經濟發達國家很多名牌企業的產品加工已經在落後國家進行，生產出來後標上它的品牌，然後就地消化再賣給生產國的消費者。買賣之間，生產國的市場被佔有了，隨之人力資源包括資本、能源都可能被同時占去，回饋的僅是微薄的加工費，而名牌企業則得到高額利潤。在開拓和爭奪市場的過程中，關鍵因素在於品牌。有一種說法：你可以沒有資金、沒有工廠、產品，甚至也可以沒有人，但你不能沒有牌子，有牌子就有市場。柳傳志認爲：「品牌就是一個信譽的積累，這個信譽裡面包括了聯想的管理，聯想的技術、資金、人力、服務等多方面，這些方面的不斷積累就形成了聯想的品牌。」正是基於這樣的思考，這些年聯想始終堅持要創自己的牌子——聯想電腦，要在競爭激烈的電腦市場爭一席之地。

一九九九年底，「聯想」這兩個字的無形資產價值二十二．七五億人民幣。聯想以十五年的努力，二十萬元創業資本，取得數十億企業有形資產和二十多億無形資產，無形資產指的就是聯想這個響噹噹的品牌！柳傳志曾說：「銷售部門的員工，他們的任務是把產品賣出去，公關部的任務是要把公司推銷出去。」聯想的形象戰略分爲兩部分：一部分是爲改善公司生存發展環境的策劃，包括新聞報導、各種研討會及社會公益活動；另一部分是針對產品促銷的策劃。

一般地說，企業的形象戰略工作可分爲四個層次：第一層是產品廣告活動；第二層是市場促銷的公關活動；第三層是政府公關活動；第四層是所需各種環境的營造和培養活動。聯想的形象戰略起點是較高的，從一開始它就在前三個層次齊頭並進。到一九九四年，聯想已經進入中國一流企業的時候，第四個層次的工作便擺到了重要位置。

成立公關部，塑造企業形象

一九八八年，聯想的形象推廣工作初次被提上公司工作議程。同年聯想成立了公共關係部。這個部門當時有六個人，負責編輯一張企業內部發行的報紙和一份提供給用戶閱讀的技術類雜誌，同時負責則兩份產品廣告。這一年，新成立的公關部做了兩件轟動的事：一是聯想中文卡被評上國家科技進步一等獎；二是獲獎不久，公關部又在中央電視台購買了黃金時間播出聯想中文卡的三十秒電視廣告。當時廣告收費大約相當於現在的二十分之一。中央電視台收視率又遠比今天高，因此，聯想中文卡的電視廣告實際促銷結果相當好，公司內部對公關部工作開始刮目相看。

一九八九年，柳傳志面臨了兩個課題。第一是這一年的十一月，中國科學院計算所公司正式更名為聯想集團公司。企業更名一般來說容易對經營造成損失，因此能否消除這種影響，成為一個艱巨的形象推銷工程。

聯想的這個形象推銷工程可分為三部分：第一部分在十一月，聯想在中央電視台及所有國家級報紙投入了三十八萬元廣告費，對於當時來說數目不小，但的確很划算。第二部分是新聞宣傳，針對當時的國家形勢和聯想取得業績的深層原因，以聯想科技成果商品化和外向型經濟成就為事實組織了大規模宣傳攻勢。在集團成立的十天之內，北京所有的國家級媒介都以頭版頭條對聯想進行了集中報導。在一九八九年十一月份，一夜之間上億中國人知道了聯想集團。第三部分則是集團公司的正式成立大會。在當時的海澱影劇院內上千個座席，坐滿了來自國家政府的局級以上官員近百人，新聞記者五十多人，外國公司代表幾十人，重要客戶代表幾十人，以及喜氣洋洋的聯想員工。

這三部分構成了聯想集團成立時形象推廣的一個龐大的系統工程，也成爲日後中國企業公關塑造品牌的一個成功案例。從這個工程開始，聯想的形象戰略一躍而上一個新的臺階。自此，聯想的企業形象工作也始終走在中國企業之前。

解決了第一個難題之後，柳傳志又必須解決第二個難題。一九八九年初，聯想集團以板卡製造和銷售挺進國際市場的戰役正式打響。同年三月，在德國漢諾威世界博覽會上，香港聯想首次參展的電腦主機板和ＶＧＡ卡獲得成功，赢得了大量訂單。聯想也因此決心於一九九〇年在中國大陸推出聯想牌電腦。但是聯想當時遭遇了一個巨大的障礙。

在一九九一年以前，中國企業尤其是電腦行業仍實施較爲嚴格的計劃經濟。企業若想要生產和銷售電腦必須經過政府的審查和批准。這種審批是十分嚴格的，如果你不能通過審批，進口元件的批文和銷量許可都無法得到。聯想集團是一個計畫之外的企業，其上級主管單位是中國科學院，不具有報批的資格。說服具有審批權力的行業主管政府部門是困難的。

當時中國已經有十幾家生產銷售電腦的企業，這些企業開工不足，銷售不景氣，始終依賴著政府的保護。如果批准聯想集團生產銷售電腦，那就等於又加進一個競爭對手，對於別的企業無疑是雪上加霜。但是聯想決心擠進去，塑造自己的電腦品牌，因爲國外廠商大舉進入中國的時間已是指日可待，聯想必須爭取時間，必須在人家還未進來以前先走一步。而要做到這一點，首先是要得到政府的許可，這又是一個艱巨的形象推銷工程。

這一類公關工作稱做「條件創造公關」。爲完成工作，聯想不斷將自己在國際市場取得的進展透過媒介傳達給社會，從而樹立起一個具有世界性市場企業成就的高技術企業形象。這樣的形象對於贏得行業主管政府部門的支持是極為有力的。

另外一方面，柳傳志也加強了與主管部門的正面接觸，不斷地把聯想的情況和想法通報給他們。一九八九年年底，行業主管政府部門的官員實地考察聯想，終於批准聯想集團一九九〇年在中國大陸製造和銷售聯想牌電腦五千台，占這一年政府計畫批准總量五%。儘管這一數量並不太大，但是聯想牌電腦畢竟得以誕生。

高層次的形象戰略工程

一九九四年，聯想的形象推銷工作向更高層次發展，他們開始對自己發展所需的環境進行策劃。一九九四年，聯想牌電腦成功登上中國品牌電腦銷量的第一個臺階。但另外一方面，國產電腦的市場開始萎縮，進入中國市場的國外品牌電腦在市場份量節節上升。當時中國第一個不受保護、第二個受到外國企業強大衝擊的行業就是電腦。在這種情況下，聯想一方面要保證自己品牌電腦整體水平不低於國外品牌，同時還需要一個有利於自己發展的環境。這個環境分兩部分，一部分是政策和輿論環境，另一部分是市場環境。聯想開始新一波的形象戰略工程，他們一方面鞏固住自己的產品廣告、產品促銷和條件營造的公關工作，另一方面，加強環境策劃與培養工作。

一九九四年初，《人民日報》以頭版頭條刊登報導：聯想集團面對世界一流企業強大競爭壓力，明確提出堅決扛起民族工業大旗。這是中國企業界第一次有人提出這樣的明確目標。在整個市場各個領域，都普遍面臨民族工業發展與進口品牌和外資企業競爭日漸激烈，聯想喊出這樣的口號，引起了社會的廣泛關注。作爲中國計算機工業的代表企業，作爲全球競爭最爲激烈的行業，聯想的行動從某種意義上說，至少對於中國經濟融入世界經濟最終可能的結局，具有典型的啓示作用。其後，中國主管電子工業的最高行政機構——電子工業部舉行部長辦公擴大會議，專門聽取聯想的工業彙報。

一九九五年，中央電視台以中國產品與進口產品的競爭爲題材，播出了系列電視片《生死攸關話名牌》，向社會揭露中國品牌在競爭中出現的困難情況。電視播出時，正值全國人民代表大會和全國政治協商會議召開之際，兩會代表收看之後，迴響很大。不久，國外媒體報導，中國政府、消費者以及企業已經開始注意對中國品牌的保護。柳傳志很清楚，開放的國門不應該也不可能關閉，保護民族品牌也不等於保護落後。但是，同等條件下，優先購買國貨是有利於聯想品牌的塑造。同樣，這種社會環境是聯想需要的，日本是這樣發展起來的，「身土不二」（韓國信奉的消費觀念：有國產的，就不買進口的）的韓國也是這樣發展起來的。

「把餅做大」以刺激市場成長

聯想從一九九四年開始，在所有的宣傳策劃中都貫徹著這個主題，這對創造一個好的政策環境和輿論環境是有幫助的，當然，最後的事實也說明了這一點。在市場環境方面，主要問題是如何刺激市場的成長，用聯想的話說叫做「把餅做大」。多年來中國的國民經濟成長率始終保持著兩位數字，如何把電腦市場的容量擴大？如何把電腦推進家庭這個巨大的市場？柳傳志從一九九三年率先提出了「家用電腦」這個概念，以區別於商用電腦，並正式瞄準家庭這個市場。

聯想的這一動作比進入中國的外國電腦廠商整整提早了一年，這奠定了他們在家用電腦這個龐大市場中的優勢。儘管與聯想集團展開角逐的外國廠商在科技、資本、經營規模等方面的綜合實力高出聯想許多，但是在中國這個市場，尤其在家庭電腦這個市場，無論品牌還是實際銷量，他們並不比聯想占有優勢。從那以後，是聯想集團為中國電腦行業支撐著半壁江山。

一九九四年，柳傳志制定了以科普教育刺激市場成長的策略。一九九五年，聯想以「聯想電腦快車」為行動代號，在全國幾十個城市的政府機關、廠礦、中小學舉行了近百場產品巡迴展示和電腦知識諮詢活動，與正規的大學合辦聯想電腦學院。僅此還不夠，聯想知道，單憑自己一家企業孤軍作戰，還難以形成整個社會的電腦熱潮。於是，他們出資五百萬元，聯合十家電視台、廣播電台和報紙，舉辦了代號「聯想電腦網校」為期一年的電腦科普徵文活動，一時間，一股學習購買電腦的熱潮席捲全中國。至一九九五年底，中國已經有三十家以上媒體開闢了電腦科普教育的專版或節目。媒體參與電腦科普，大大提高了電腦進入家庭的速度。

從刺激市場方面說，柳傳志構思之精巧，使聯想投入產出比之高，鮮有人及。聯想的形象戰略由產品促銷開始，提升到企業發展條件的營造，繼而提升到企業所需環境的培養，戰略設計可謂匠心獨具。尤其在環境培養方面，聯想面對強手如林的局面，充分調動社會各種因素的做法，稱得上「四兩撥千斤」。

借船出海

柳傳志的目標是讓聯想成爲中國最有影響的力全線網路產品供應商，在某些領域成爲網路標準的制定者。

聯想不僅生產自己的品牌電腦，同時還代理國外廠商的品牌電腦，這就產生了一個矛盾：如何才能使自己的品牌不被代理的國外品牌淹沒？換言之：產品是國外廠商的，但品牌卻是自己的。

儘管聯想科技代理分銷上百種產品，佔據的市場份額大多名列中國第一，但柳傳志對此並不十分看重：「規模化是一個方面，它是效益的源泉，但做高技術產品的分銷，更重要的是滿足不同用戶個性化的需求，它反映經營者的價值理念。」柳傳志理出了邏輯，悟到了I

T企業的經營規律和行業的發展規律。

品牌即是文化

做產品分銷，說白了就是引進。這些年中國企業引進的技術專案不算少，但眞正成功的不多。柳傳志覺得，最主要的原因是應用水平不夠。「資訊業的發展不像農業，技術更新非常快。等你把設備裝配好，也許就已經落後了。」所以在聯想科技，郭爲從來不鼓勵片面地追求推銷產品。他們會根據用戶的實際需要，準備好幾套乃至幾十套應用方案。只要這些應用方案在相對長的一段時間裡保持適用和領先，這筆交易就是成功的。「沒有落後的產品，只有落後的應用」，就是這個道理。相比之下，國外的大分銷商卻很少做應用方案。這給了聯想科技很大的發展空間。

幾年下來，不少世界知名廠商漸漸發現，自己的產品已經貼上了一種無形的標籤，如果撕去這個標籤，它們在中國市場的銷售就要大打折扣。這個無形的標籤，其實就是聯想科技的品牌。透過應用、培訓、維修等售前售後的優質服務，它在用戶中樹立起了一個概念：貼上這一標誌的產品，無論原來的商標是什麼，都值得信賴。

柳傳志堅信，品牌是一種文化。在聯想科技的品牌中，其文化的核心是價值和責任。在分銷渠道建立過程中聯想創造性地提出「四贏戰略」，充分反映了「聯想科技」的價值定位。作爲分銷商的聯想科技，有三項有名的承諾：讓最終用戶得到最優質的產品和服務，讓經銷商取得市場成功，讓供應商實現產品目標。它的價值實現、建立在前三者良性循環的基礎之上。

二〇〇〇年三月，著名的數據機供應商賀氏公司宣佈破產，聯想科技隨即通知所有用戶，它將擔負起所代理的賀氏產品的維修服務。責任體現價值，價值構築信譽。在聯想科技宣佈發展自有品牌的網路產品之後，思科等國外網路產品供應商仍然與它合作。因爲他們知道，按照聯想科技的價值觀，它絕不會狹隘地爭奪有限的市場份額，而是會善用市場運作能力，開拓全新的市場空間。

就是在這種協作型的競爭和競爭型的協作中，聯想科技進行著快速的積分運算。在橫座標方向上，聯想透過「移動科技」、「網路科技」等一系列市場推廣活動，把中國用戶的資訊技術應用水平提高了一大塊；在縱座標方向上，聯想在與國外廠商的合作中，不斷積累自己的經驗和優勢，一待時機成熟，就迅速推出自主開發的產品，完成從分銷商向供應商的轉換。短短幾年中，從印表機、數據機到掌上電腦，一批擁有自主知識產權的產品紛紛登場。

一九九九年七月二十一日下午，於北京長城飯店，中國科學院院長路甬祥、聯想集團柳傳志等拉開了繪有中科院網路測試室全景的大幕，聯想自有品牌的全線網路產品展現在人們面前，它向人們宣告：聯想集團將全面進軍網路領域，中國人完全有能力掌握網路技術！如果說二十世紀的最後十幾年是ＰＣ時代，那麼人們已不再懷疑，二十一世紀將是網路時代。網路正以空前未有的速度在全世界迅猛發展。

在中國，網路通訊產品以三十三．四%的增長率高居ＩＴ行業之首。網路帶來了無限的商機，也改變著人們的生活。然而，有一點卻不能不讓人感到遺憾，那就是中國網路市場幾乎爲國際大公司所壟斷。中國想要在未來的網路時代自立於世界民族之林，想要保證看不見的國境線——網路資訊的安全，就不能沒有自己的網路產品、網路品牌。

其實，聯想集團早就在籌畫、行動了。從代理Ciseo、D-link等的網路產品，到遍佈大江南北的「網路科技，聯想九八」大型市場活動，聯想在爲推出自製的網路產品品牌作準備。聯想的行動靠的不單單是愛國的熱情，更是建立在科學分析的基礎上，那就是技術和市場的進步已爲中國企業介入網路市場創造了大好機遇。

在網路市場發展的初期，很多開創者來自相關的領域，他們都在不斷摸索和創新，只有那些大公司，才能憑著資金、技術的優勢，不斷推出新概念、新技術、新產品並爭奪技術標準，誰也無法看清未來的發展方向。在這種情況下，起步較晚的中國企業只能充當旁觀者。網路技術雖然還在日新月異地發展，但大趨勢已經越來越明顯，主流技術和產品已經進入標準化和工業化時期，大多數網路供應商所做的僅在於模組設計的不同和系統的整合。當技術達到一定成熟度之後，中國企業完全有能力開發出適合國情的產品，參與競爭。ＰＣ之戰是這樣，網路產品也將是這樣，這是ＩＴ業發展的一個規律。

而中國市場對網路產品不斷成長的巨大需求，聯想在代理國外網路產品中訓練了一支熟悉網路市場、瞭解網路產品的網路隊伍，都爲聯想推出自製網路產品創造了條件。聯想能在如此短的時間裡推出全線自有品牌的網路產品，中國科學院知識創新工程的實施，聯想中央研究院的成立，起了關鍵性作用。

「盤古計畫」的啓動

一九九八年十月六日，中國科學院宣佈，將中科院計算所的改革列爲中科院知識創新工程首批啓動試點專案，由計算所和聯想集團共建聯想中央研究院。成立於一九五六年的中國科學院計算所是中國第一個電腦技術研究所，是國家在電腦領域最高的研究機構。

重組共建，使電腦的研究隊伍更加精幹，能更好地攀登電腦科學技術的高峰，加快將科技成果轉化爲生產力，使聯想加速走上技術驅動型企業之路。

新成立的計算所把網路列爲重點研究方向之一，爲了支援網路技術的研究和網路產品的開發，專門成立了網路測試實驗室，實驗室設有符合國際先進水平的實驗設備。

在嶄新的創新體制下，網路實驗室和聯想網路事業部密切合作，實現了科研與生產的高度統一。他們不僅在產品的功能和質量上下功夫，而且在工業設計乃至市場宣傳等方面都精心研究，使聯想的網路產品眞正做到源於創新，專注應用，一推出就有很強的市場競爭力。聯想爲實現「全面面向網路」的發展戰略，制定了「盤古計畫」。顧名思義，「盤古計畫」的目的，就是要以神話傳說中盤古開天闢地的精神，爲中國民族網路產業的發展開闢一方新天地。

聯想將致力於發展適合中國國情且具有自主知識產權的網路產品，成爲中國網路產品的第一品牌，不僅將涉足局域網產品，同時還將密切關注電信和廣域網技術，未來將從局域網轉變爲廣域網、局域網兩者兼顧。聯想深知，塑造自有品牌的路上還有許多困難。相對於國際大企業，聯想在網路市場尙無足夠的品牌優勢；在網路尖端技術研究方面，與國際上相比還有很大的差距；在市場和運作方面，網路產品技術含量高，專業性強，與聯想熟悉的PC領域有很大不同，還需進行新的探索；國人對應用國產網路產品還需要一個認識過程，但是，這些都阻擋不了聯想塑造出國際品牌的信心。

聯想品牌爲什麼

只有戰勝了自己，戰勝了國外強大的競爭對手，才能眞正樹立自己的民族品牌，並使它始終屹立不倒。

柳傳志認爲，既然創名牌要歷經風風雨雨和太多坎坷，那麼一旦創出牌子，就要百折不回，勇往直前，決不能遇難而退，否則只會功虧一簣。這是成功企業的一致看法。一九八九年，聯想生產的QDI品牌二八六微機主機板在德國世界電腦博覽會上一亮相，就得到多個國家的幾千套訂單；一九九〇年，聯想產品被美國同行稱作「VGA王」；一九九四年，聯想集團的板卡銷量占世界的十分之一；一九九六年，聯想桌上型電腦在中國的銷量首次超過IBM和康柏，結束了美國人在中國電腦市場的獨霸時代；一九九七年，聯想共銷售電腦四十三多萬台，在中國市場佔有率達十．九%。在國家相關部門組織的消費者最喜愛的家用電腦品牌的評比中，聯想榮獲第一。

「人類失去聯想，世界將會怎樣？」聯想品牌之所以取得如此成就，與柳傳志倡導的「不達第一，絕不甘休」頑強拼搏精神是分不開的。回顧一九九七年的中國PC產業，人們發現國有品牌PC隊伍在迅速壯大，國有品牌整體層次有所提高，這對中國電腦產業的未來發展有十分重要的影響。當聯想電腦首次在中國桌上型電腦市場搶佔榜首的時候，人們還存有疑慮。現在這種疑慮變成了首肯，變成了希望。

電腦行業，這一項中國起步最晚的行業，卻承受了最大的壓力。無論IBM或是康柏，每一闖進中國市場的著名品牌背後均是世界一流的技術水平，富可敵國的經濟實力和早已被全世界所熟悉的品牌優勢，中國電腦企業怎樣立足？「對於聯想能夠參與這樣一種高水準的戰鬥感到幸運，但同時也感到了巨大的壓力。」聯想這樣表示。

面對一個個形同巨人的跨國企業、國外品牌，聯想品牌憑什麼來競爭？答案就是尋找優勢、揚長避短、實現優勢互補。本土優勢，那就是中國企業最大的優勢。不論外國企業具有怎樣的雄厚實力，但在中國都有一個難以化解的劣勢，他們都是越境作戰。作爲全球重要板卡供應商之一的聯想集團更深層的優勢是對於中國國情的瞭解。將這種潛在的優勢轉化爲市場優勢，將在競爭中發揮巨大的作用。無論如何，聯想是中國企業，在本土總會得到各種形式的支持，而中國的許多事情又確實只能由中國企業來做。

迎接世界的挑戰並不意味著封閉自己。完全依靠自己的力量，一點都不借助外力就過於狹隘了。在當今世界經濟彼此滲透的情況下，不可能由一個企業生產從CPU到機箱，從顯示器到印表機的全套設備，即使是電腦業巨人們，也不可能。借助外力是必要的，狹隘的觀念只能導致失敗。

聯想集團從很早起就在構建「你中有我，我中有你」的融彙性經營格局。外國的資金能用一定要用，外國的技術能用的一定要用，外國的其他優勢能用的也一定要用。實實在在地說，聯想的民族工業大旗並不只是生產聯想品牌的部門所扛起的，被許多人所不屑的外國公司代理部門也爲樹立聯想這一民族工業品牌作出了巨大貢獻。據說，幾年前電腦行業的資訊從美國到香港要半年的時間，而從香港到北京又要花費三個月，所以，中國的電腦水平總與世界有著相當的差距。只靠自己閉門造車，是不可能與世界同步的，今日聯想的研究開發機構已由北京到香港，一直延伸到世界電腦行業的心臟——美國矽谷。

在國際市場中，當企業生產已具有相當水準時，也同時具有了相當的機會，能不能把握機會，佔據市場，要看你是不是已做好了準備，去戰勝自己。只有戰勝了自己，戰勝了國外強大的競爭對手，才能眞正樹立自己的民族品牌，並使它始終屹立不倒。

個性化的時尚

品牌優勢的關鍵在於賦予時代色彩的創新。在PC行業規模化的今天，強調傳統、單一品牌差異的做法已經在很大程度上失去了意義。

柳傳志認爲品牌至少是一種或幾種有特色的產品。反過來說，絕對無法想像一個產品沒有任何特色。沒有特色的產品，不能在消費者當中形成品牌的概念。柳傳志深知這一點，聯想的品牌特色也一直做得很成功，其中最有代表性的產品就是天禧桌上型電腦和聯想昭陽筆記本電腦。

一九九九年十一月二十四日，集電腦、資訊、服務、Internet連接功能爲一體的聯想天禧電腦隆重發佈。它既是對傳統PC的一次脫胎換骨，同時又預告著在中國特定的應用背景下PC普及的一場深刻變革。當時，PC在中國消費層面的大眾化進程顯然已走到一個較難逾越的門檻前，前段時間眾廠商演繹的低價PC、免費PC等概念的一度風行及之後漸趨無聲，都從某個側面佐證了這個門檻的存在。

迎向網路時代的「天禧」電腦

在用盡名目的市場營銷手段之後，面臨新世紀網路大潮之時，中國PC廠商必須開始一場角色轉變——從以產品技術爲中心轉變爲以用戶消費需求、特別是上網需求爲中心。而聯想天禧電腦正好印證了這場轉變：將電腦軟硬體、網路接入、資訊服務融爲一體，實現傳統電腦與Internet的無縫連接，首次將電腦變成入口網路。「一切從用戶角度出發」的設計理念已經具體而微地呈現在天禧電腦簡單實用的性能中，這是長久以來徘徊在資訊時代大門口的中國消費者的福音。

其實，過於高估中國百姓的操作能力和網路知識水平，長期以來一直是電腦廠商推動PC普及化的一個認識障礙。據權威調查報告顯示：在中國PC用戶群中，有七十％的用戶買電腦的初衷是上網，但最終眞正上網的用戶卻不足十％，而上網率不高的首要原因竟是「接入、操作不容易」，次要原因才依次爲「網上的內容不夠實用」、「上網的費用過高」。

但過於低估中國用戶使用PC上網的主觀需求也是不切實際的，PC在全球範圍內每年近一億台的市場增加量顯示出其猛烈的增長勢頭。但所有這一切都有一個前提，就是作爲最主要的終端接入設備的PC應該眞正爲消費者著想，實現消費者所需，眞正「適用、夠用、好用」。中國消費者的現實情況是：由於電腦不普及，應用水平不高，更多的人以前沒有電腦，甚至沒有接觸過電腦，現在爲了跟上資訊時代的步伐，不被網路大潮所淘汰，不僅決定買電腦、用電腦，更甚至於就是因爲想上網才買電腦。所以，應當設計有本土特色的PC普及模式——「簡單化」或「傻瓜化」地滿足用戶的複雜需求。因此，充分體現功能與應用，把電腦提昇爲既是用戶上網的工具，又包含資訊服務內容的天禧電腦可謂是應運而生。

品牌優勢的關鍵在於賦予時代色彩的創新，在ＰＣ行業規模化的今天，強調傳統單一品牌差異的做法已經在很大程度上失去了意義，從Internet進入尋找品牌特色的突破變得十分迫切。業內人士對聯想每每成功的市場推廣活動讚不絕口，而投入研發費用一千二百萬元，技術涉及ＰＣ、通信、網路、外設等眾多領域並擁有四十二項專利，集「三千寵愛於一身」的天禧電腦無疑爲聯想品牌注入了更多的含金量。

在「後ＰＣ時代」的口號甚囂塵上的今天，聯想天禧電腦的推出似乎顯得有些「唐突」和「冒險」，但正是這種「冒險」驗證了聯想的堅定和睿智：「當洶湧澎湃的Internet大潮撲面而來時，人們擔心ＰＣ是否已經走到了盡頭，ＰＣ工業是否已讓位於雨後春筍般顯露出來的所謂Interent企業，那麼Internet是不是ＰＣ業的掘墓人呢？我們的觀點是：不是！不僅不是，我們反倒認爲它應該是ＰＣ業鳳凰涅槃的火種！」

如果說Internet是ＰＣ工業在新世紀煥發更大活力的火種，那麼，聯想便是堅定的執火者之一，第一代Internet電腦——天禧電腦便成爲一束相傳的薪火。星星之火，可要燎原。

對於家庭用戶來說，電腦一直在變，從最初的二八六到Ｐ４，從最初要輸入一行行字元的DOS命令打開軟體，到後來只需點擊選圖示，隨著功能電腦的誕生，輕觸一個按鈕就能完成各種功能，電腦變得越來越簡單，越來越實用。

然而在網際網路浪潮席捲世界的今天，儘管電腦已是接入網際網路最主要的工具，但對普通用戶而言，電腦與網路仍是兩碼事，並沒有發生實質性變革。而聯想針對家庭用戶最新推出的天禧電腦，卻將電腦硬／軟體、網路接入、資訊服務有機地融爲一體，實現了傳統電腦與網際網路的無縫連接，首次將電腦變成入口網路，成爲一款眞正的網際網路電腦，用戶在開啓電腦的同時，也可方便地打開網際網路的大門。

劃時代網路電腦特色

網際網路雖然聽起來並不陌生，但接入過程的繁瑣，網路內容的龐雜，以及上網費用的昂貴，都使普通的家庭用戶望而生畏，而「天禧」電腦則試圖從根本上解決這些問題。「天禧」電腦之所以被稱爲一款劃時代的網際網路電腦，是因爲它具有以下三方面的特點：

首先，「天禧」電腦中整合了聯想調頻DM365，它提供了豐富實用、組織有序的網際網路資訊服務。「聯想調頻」分爲新聞、教育、娛樂、生活、股市和購物六大功能頻道，將網際網路資訊有效地組織在一起。天禧透過「聯想調頻」的資訊服務，幫助眾多普通用戶輕鬆上網，使教育、娛樂等電腦傳統功能得以極大的擴充。

其次，「天禧」之所以稱爲網際網路電腦，還由於它透過內置帳號、網際網路鍵盤、網際網路手寫板等設計，使用戶接入和流覽網上資訊更加容易。因「天禧」內置了全中國漫遊的網際網路帳號，用戶不僅可在開通地區，享受爲期一年的不限時免費上網，還可在開機之後免去任何設置，只要按下網際網路鍵盤上的「網際飛梭」旋扭，電腦就自動接入「聯想調頻」站點，旋轉「網際飛梭」，用戶即可選擇六個頻道的內容，此外用戶透過點按鍵盤上的六個頻道鍵，以及「網際網路接入」、「電子郵件」的功能鍵等，也能直接進入相應的網路功能介面。而「天禧」特有的「通靈硯」手寫板，同樣巧妙的融合了網路功能，使用戶可實現電子簽名，發出手寫體的電子郵件等，從而讓網路交流變得更加自然方便。

最後，「天禧」電腦也在安裝、操作和維護等多個方面上呈現易用。如「天禧」利用「即時接」，提供了七個一模一樣的介面，使用戶加裝印表機、掃描器等外設時，不必辨別插孔，甚至無須關機，實現了即插即用，從而使網際網路電腦的功能得以方便擴展。「天禧」開關時就像用電視機一樣方便，關機時無需退出應用程式，直接按F關機鍵即可，再次開機時系統又會自動回到關機前狀態。「天禧」作爲網際網路電腦，採用全流線型設計，並經全塑加工，分成珊瑚紫、寶螺藍、風貝綠三種顏色，其與眾不同的個性化外觀也充溢了鮮明的時尚特色。

迎接M化的時代

聯想的另一個代表性產品品牌是聯想昭陽筆記本電腦。柳傳志認爲，在二十一世紀，筆記本電腦可謂左右逢源，特別是在行動網路已經逐漸形成，這一優勢將愈發顯著：一方面，現在的筆記本電腦除了具備可與桌上型ＰＣ相媲美的「傳統」計算、資訊處理能力外，還同時具備了數碼及三維影像處理、ＤＶＤ播放、錄影ＭＰ3和高品質音頻資料等多媒體功能。作爲複雜電子商務應用的用戶端，能力上絕對「夠用」。

另一方面，隨著鎂鋁合金等高技術材料的廣泛採用和生產工藝的進步，筆記本電腦日益輕、薄、短、小，標準配置型的平均厚度只有二十五毫米甚至更低，而重量也在2公斤以下，便攜性和移動性大大增強了；再者，採購筆記本電腦的TCO雖然比臺式PC高，但其價格早已不再是「天價」，且其TBO(總保有效益)卻遠高於後者：有調查顯示，使用筆記本電腦，每個人每週的有效工作時間相當於延長了十二至十五小時，且獲得和利用資訊的效率也會相應大大提高！

不過，在實際操作過程中，正如傳統的桌上型PC要向「網際網路電腦」進化一樣，現有筆記本電腦也要儘快完成這樣的進化，才能真正滿足用戶「隨時隨地獲取資訊，並對這些資訊進行瀏覽和處理」的夢想。這就須要求廠商將移動接入與移動資訊交換技術同筆記本電腦結合起來，且這種結合必須是方便和廉價的。

計算要移動，網際網路接入要移動，資訊交換要移動。正是基於對這些「移動」的認識，聯想才提出了自己的移動網際網路理念，並制訂了基於「移動（行動）」概念的網際網路發展策略，即爲實現移動網際網路時代電子商務的需求，將來的產品必須同時具備移動計算（Mobile Computing）、移動接入（Mobile Connection）和移動資訊交換（Mobile Communication）三大特徵。具體說來，移動計算一直是筆記本的長處，且隨著技術的進步，上比桌上型電腦，下較掌上電腦、PDA、手機等其他接入設備，其優勢還將在相當長時間內得以保持，甚至繼續擴大。

在移動接入方面，雖然移動辦公、移動電子商務的概念「大紅大紫」，但現有的方案往往只做到了幫助人們實現在公司大樓內、在家庭與公司間移動上網，鮮有「一個帳號、一個接人號碼走遍天下」的實例！可這一功能卻是那些經常出差的用戶絕對需要的。因此，聯想認為下一步就是要為用戶配備一種無論走到哪裡都可以通用的網際網路接入方案，即打破地域限制，使用戶在不同的城市，甚至在不同的國家中使用同一個撥號號碼和同一個上網帳號上網。

至於移動資訊交換，柳傳志認為，就是要擺脫電話線的束縛，通過無線技術實現接入。目前，移動資訊交換方案分為兩類：近程移動資訊交換和遠端移動資訊交換。近程方面以IEEE802·11和「藍牙」為主，雖然解決了一定地域範圍內各種設備之間的無線資訊交換，但連接網際網路時還需要有線網路的支援，故只是實現了部分意義上的移動資訊交換。而眞正意義上的移動資訊交換將是遠端移動資訊交換，包括透過無線廣域網、數位蜂窩系統和衛星網際網路等接入方式。

柳傳志認為，未來筆記本電腦的發展不會離開這三個「MC」，因此它也就構成了聯想昭陽移動網際網路發展的骨幹框架。負責筆記本業務的聯想電腦副總裁喬松表示，聯想昭陽在這個框架的指導下，實現了由移動計算向移動網際網路的整體轉變。隨著網際網路筆記本電腦戰略構想的推出，聯想也在迅速向新的「標準」靠攏，推出了第一代網際網路筆記本電腦——聯想昭陽。

從一九九九年四月二十五日起，昭陽主流系列筆記本電腦隨機贈送中國電信一六三全漫遊上網帳號，爲用戶提供自電腦生產之日起七個月不限時免費上網服務，率先將具有強大計算功能的筆記本電腦和全國漫遊接入結合起來。據了解，目前可供用戶選擇的漫遊城市達二千多個，且還在不斷增加之中。用戶只需選擇其所到達的城市，不必更改上網帳號，不必更改接入電話號碼，即可輕鬆上網，較之以往可節省數千元的長途話費。同時，爲了更加方便用戶，聯想還在部分機型中設計了網際網路快捷鍵，方便用戶一鍵上網。

在無線資訊交換方面，聯想昭陽也正在進行深入研究。據了解，聯想現有昭陽系列產品已經能夠支援基於IEEE802・11規範的無線資訊接收與發射設備，並正在開發支援「藍牙」技術的筆記本電腦產品。

一九九九年，柳傳志使聯想昭陽以「萬元筆記本」戰略異軍突起，奪得中國筆記本市場頭籌。進入二十一世紀，柳傳志又率先推出了網際網路品牌戰略，意欲搶佔新的制高點。

品牌延伸之路

品牌延伸的前提就是這一品牌具有較高的知名度，在消費者心中有很高的地位。當某一品牌並不強大並且受到諸多同行強有力的挑戰時，品牌延伸就是冒險的。

柳傳志在品牌發展的過程中認識到，「品牌延伸策略」之所以被眾多的企業採用，是因爲它給企業帶來立竿見影的好處。品牌延伸策略是借助已成功或成名的品牌，擴大企業的產品組合或延伸產品線，採用現有的知名品牌，利用其聲譽，推出新產品。

從企業內部看，發揮、借助已有的品牌（名牌）效應，能降低各種廣告、宣傳等促銷費用，從而降低產品的成本；還可以借助已有的良好銷售渠道快速地把新產品送到目標顧客手中，有利於新產品進入市場。

從企業外部看，借助已成名的品牌聲譽，有利於目標顧客的認同、好感，接受乃至購買；借助於統一的品牌名稱有利於形成一種強大的「陣勢」，帶給消費者一個全面的、整體的、良好的企業形象。

然而事物都是一分爲二的，影響有正面，也會有負面。品牌延伸策略也是如此。該策略的好處顯而易見，這也正是眾多企業趨之若鶩的原因。而其弊端，因其一時不易覺察，往往需數年、甚至數十年才會暴露，而這一點更應引起企業界的關注。

在進行品牌延伸之前，做好品牌實力評估。因爲品牌延伸的目的就是要借助已有品牌的聲譽和影響迅速向市場推出新產品，因此，品牌延伸的前提就是這一品牌具有較高的知名度，在消費者心中有很高的地位。當某一品牌並不強大且受到諸多同行強有力的挑戰時，品牌延伸就是冒險。比如深圳巨人集團在最初經營的電腦行業沒有取得絕對優勢的情況下，迫不急待地進軍剛剛興起的生物保健品市場和房地產市場，致使企業人、財、物等資源過度分散，結果因爲管理混亂而「只開花不結果」，使本來很有希望的企業陷入了重重危機之中。

進行品牌延伸的產品應在各同類產品中具有相當強的實力。爲了避免「株連」的風險，進行品牌延伸的產品的質量必須是同行中的佼佼者。如果新產品的質量還不成熟，加上技術尚需進一步的改進，這時進行品牌延伸就很危險。俗語說，「城門失火，殃及池魚」，「一粒老鼠屎壞了一鍋粥」就是這個道理。這樣的品牌延伸宣傳越廣，銷售越多，就表示在銷售量短期增加的同時，使更多的消費者對品牌產生了不滿，從而讓更多的消費者迅速地遠離了這一品牌的產品。

爲了避免單一品牌延伸的風險，經營者也可考慮採取類似中庸的辦法——在商標不變的情況下爲新產品再起個小名，這裡姑且叫做副品牌。這樣做一方面淡化了「模糊效應」，另一方面又使各種產品在消費者心目中形成一定的距離，有效地降低了「株連」的風險。

進入二十一世紀以後，柳傳志發現電腦的利潤日漸微薄，開始想進入別的行業。此時，柳傳志採取的是和SONY等國際知名企業類似的品牌延伸策略，即無論進入哪一行業，所製造的產品均冠以「聯想」品牌。包括印表機、伺服器等產品均採用了聯想的品牌，有效地利用原有的品牌效應，在市場擴張上節約成本，延伸品牌價值。

二〇〇二年，柳傳志實現了自己的承諾：宣佈進入新領域，生產「聯想」品牌的手機，正式開始了自己的品牌延伸策略！

第七章 服務無極限

誰能透過服務贏得顧客，誰就是市場競爭中的強者。

——GE前任CEO：威爾許

規範化運作

柳傳志就是依據國際公認對服務的界定與規範，將服務的標準化引入聯想的服務體系中，以一個側面爲聯想在中國市場取得突出業績奠定了基礎。

在一個完整的營銷體系中，服務看起來似乎是可有可無的。事實不然，世界上愈成功的企業愈重視服務，聯想也不例外。聯想的售後服務在它的整個營銷體系中是不可或缺的。中國電腦還不夠普及，消費者的電腦知識還有待提高，對各種設備的使用還較生疏，怕就怕買了機器沒人教，機器壞了沒人修。但柳傳志可以自豪地告訴每一個人：買聯想電腦可以讓用戶徹底放心。

二〇〇〇年三月十五日，聯想推出「聯想服務，請您監督」，表明聯想服務走上了新的臺階。一個企業的經營運作可以看做是一個封閉的「環」，研發、市場、服務都是「環」的組成部分，缺一不可，否則「環」就不完整，企業的經營就轉不起來。對於服務的理解，各家有各家的看法，無論是ＩＢＭ還是聯想，都在爲能向用戶提供更完善的服務而努力，而努力的方向就是要將服務標準化和品牌化。對於服務的標準化，去過麥當勞，吃過肯德基的朋友應該有所體會，也就是說廠商提供的服務不會因時間、地點的差異而不同。當然，麥當勞、肯德基的例子只是對服務標準化形象的說明，在以高科技爲特徵的ＩＴ行業，服務的標準化可不是統一服裝、統一服務用語這樣簡單。

在柳傳志看來，「聯想」不僅要成爲知名的民族品牌、國際品牌，在服務領域上，「聯想」也要成爲知名的民族品牌、國際品牌。透過國際化的標準來規範服務，聯想服務以自己的實際行動在服務標準化領域做頗具意義的探索，一步一個腳印地鍛造著服務領域裡的國際品牌。

經過多年的積累和不斷優化，聯想已經建立起一套適應市場形勢、運作順暢、組織嚴密、反應迅速的金字塔式三級結構服務體系，它包括北京技術服務本部、全國各區域技術服務分中心以及聯想授權服務站。在這個完整的服務體系中，科學規範的管理思想作爲「靈魂」貫穿於體系的各個環節。

柳傳志規劃的聯想服務的過程是一個市場調研、開發過程，服務產品設計過程，服務提供過程，服務業績分析及改進，服務市場調研的閉合流程。聯想的每一項服務承諾、每一個服務產品，都是在這個規範嚴謹的服務質量流程中誕生的。聯想的服務環以市場調研、開發過程爲整個過程的起點。聯想針對客戶需求進行大量細緻的調查、訪問，收集市場需求資訊，據此確定消費者對服務的需求和期望。對收集到的這些顧客要求、服務資料，委派專人進行科學、嚴格的分析，將分析的匯總結果通知設計和服務人員，形成下一環節——服務設計工作的基礎——服務提要。服務設計過程就是能夠爲消費者提供什麼樣的服務，以及如何保證這種服務落實的流程。根據服務提要設計出符合要求的服務產品（承諾）後，透過整個體系的第二級——各區域分中心送達遍佈全中國各地的維修站。

爲充分保證每個產品（承諾）能準確無誤地兌現給每個用戶，聯想制定出嚴格、細緻的服務規範：服裝、服務態度、回應時間、修復時間等，要求每一個維修工程師必須嚴格按規範執行。同時，技術服務本部透過技術支援中心的數十位專家爲維修站提供專業、權威的技術支援，透過中國最先進的備件中心提供及時迅速的備件支援，全力保證爲用戶提供快速、及時、專業的維修服務。遍佈全國各地的維修站把這些最終產品（承諾）提供給用戶，就進入了流程的第三個環節——服務提供，也就是與顧客接觸的介面，這是整個服務流程中最重要的一環。

爲確保最大限度地滿足用戶的要求，聯想採取「自評」與「他評」相結合的方式進行。在自評方面，設定專門部門定期對每個維修站在服務水平透過客戶滿意度進行考評、打分，對不符合要求的維修站提出改進措施、督促落實，直至取消維修資格。在「他評」方面，專門設置了電話回訪員，對聯想服務人員的每次服務進行電話跟蹤回訪，瞭解顧客對每一次服務的滿意程度，確保百分之百的電話回訪率。

所有搜集到的這些客戶資訊，將作爲下一環節——服務業績分析和改進的基礎。在實施服務過程中的每一次評價，都爲聯想自身積極尋求服務質量改進提供了機會，從而確保持續改進自身服務質量和整個服務運作的效果和效率，保證了聯想公司服務品牌的含金量。

聯想的整個服務體系就是透過這個服務流程的循環運轉，不斷地進行自我完善和自我更新，從而能最快、最及時地對用戶的需求做出反應，真正實現「讓中國人用得更好」的理念。

人們通常所理解的服務，只是整個服務體系中的一個組成部分。柳傳志就是依據國際公認對服務的界定和規範，將服務的標準化引入到聯想的服務體系中，從一個側面為聯想在中國市場取得突出業績奠定了基礎。

締造服務品牌

聯想的成長歷程中，服務在各個階段都被列為重點工作。聯想提出「讓中國人用得更好」的服務理念，便是基於這種大服務的流程而設計實現的。

一九九〇年，國家有關部門在上海舉行國產電腦的鑒定會，規定參加的企業必須將產品樣品送到上海。以往參加的企業通常是派專人攜帶樣品乘飛機到達鑒定會場。人們當時還習慣於把高科技的電腦看作精密儀器一樣嬌貴。聯想則像平時給客戶發貨那樣從北京火車站辦理普通的托運。樣品經過幾天幾夜的鐵路運輸之後到達鑒定會場，鑒定結果品質優異。在他們看來如果電腦嬌貴到需要專人保護需要坐飛機，那麼還有什麼理由相信其品質能夠給客戶帶來安全感呢？

一九九五年，聯想集團主動向國家技術監督局申請，要求該局不定時不定點對聯想集團遍佈全中國的銷售網路，進行突擊性質量抽測。據該局的負責人表示，這種由企業主動請求的質量抽測，在建國以來還是第一次。國家技術監督局先後四次對聯想電腦進行抽查，分別從北京、上海、南京的七家經銷單位和聯想集團生產基地的成品庫中抽檢了五十七台電腦，其九大類二十八項指標均達到優等品標準。

聯想認爲，從元件採購到生產、組裝、調試，假如有一百個環節，即使九十九個環節都是一百分，只要有一個環節是五十九分，那這台電腦就會不合格。在聯想人看來，企業的質量標準原則應該是市場原則，質量標準應該是使用標準而並非生產標準。商品最終是要提供給消費者使用，因此商品的使用價值是商品技術的最終體現。商品滿足需求的程度，商品的好用性和耐用性，是構成商品質量的重要因素。從這樣的角度說，商品質量檢測最權威的手段是使用過程的檢測，而消費者是商品質量最權威的評判者。

用戶越多，服務的難度也越大，擁有數百萬用戶、作爲中國第一品牌的聯想電腦公司，是依靠什麼贏得眾多用戶的青睞，從而獲得售後服務第一名的呢？多年來，聯想對服務一直非常重視，在其成長歷程中，服務在各個階段都被列爲重點工作。聯想提出「讓中國人用得更好」的服務理念，便是基於這種大服務的流程而設計實現的。聯想的服務體系包括服務管理體系和服務業務體系兩部分。管理體系有四個層次：公司技術服務部、大區技術服務中心、授權維修站、服務工程師；服務業務體系包括備件運作、技術支援、授權服務網路建設、服務管理與監督。用戶的機器出了問題，可以與就近的任何一家服務機構聯繫。

此外，柳傳志在聯想設立了電話熱線諮詢服務，全年無休，來滿足不同用戶的不同層次需求。服務的關鍵在於運作，而難度更大的是管理與監督。你有備件，會維修，但不見得就可以讓用戶滿意。整個服務過程就是服務產品，所以對服務行爲要規範化、標準化。

爲了把服務做好，聯想還透過百分之百的電話回訪及時監督服務效果。服務既然是產品，當然就有價值。客戶在買一個產品時，就應買了基本的服務。但如果把所有的服務費用都包含在產品中，勢必會增加產品的成本，這樣用戶難以接受，而且其中的服務費用有限，廠家所提供的服務也不可能滿足用戶各方面的需要。所以聯想制定了對基本服務以外的服務收取合理的費用。服務是產品，服務也需要創新。聯想的服務項目不斷推陳出新，使用戶的滿意度也隨之水漲船高。

當有人稱讚ＩＢＭ公司優秀的產品質量時，ＩＢＭ公司ＣＥＯ葛斯納卻笑著說，我們售出的是優質的服務。ＩＢＭ公司也許不是全球第一家試圖透過服務創造價值的公司，但可以肯定的是，在競爭激烈的市場行盤，優秀的服務質量同優秀的產品質量一樣至關重要。ＩＢＭ公司較早地認識到這一點，而現在「未來的盈利來自服務」已經成爲所有ＩＴ廠商的共識。

服務對於ＩＴ廠商到底有多重要？柳傳志說，企業的經營運作可以看做是一個「環」，研發、市場、服務都是「環」的組成部分，缺一不可，如果「環」不完整，企業的經營也跟著轉不起來。對於服務的理解各家有各家的看法，無論是ＩＢＭ還是聯想，都在爲能向用戶提供更完善的服務而努力，而努力的方向就是要將服務標準化和品牌化。

各行業對服務的日益重視，使得服務的外延和內涵不斷擴大，ISO9001國際質量體系就將服務作爲一個完整的體系來規範。特別是在ＩＴ行業，服務是包括市場調研、開發過程、服務產品設計過程、服務提供過程、服務市場調研、服務業績分析及改進等多方面的綜合系統。人們通常所理解的服務，只是整個服務體系中的一個組成部分。國內ＩＴ業首家通過ISO9001質量體系認證的聯想，就是依據國際公認的對服務的界定和規範，將服務的標準化引入到聯想的服務體系中，從一個側面爲聯想在中國市場取得突出業績奠定了基礎。

至於服務的品牌化，聯想電腦認爲是未來ＩＴ行業最大的幾種品牌類型中較有客戶影響力的一種品牌，也是未來ＩＴ企業重要的一種增值手段。可見，從產品品牌中將服務品牌延伸出來，已經成爲一種趨勢。

聯想作爲ＩＴ廠商將服務品牌化的個案，對其他的廠商提高自己的服務質量不無啓示。如果越來越多的ＩＴ企業做到了服務的標準化和品牌化，越來越多的ＩＴ企業就會像ＩＢＭ總裁葛斯納先生說的那樣：「我們出售的是服務」。

客戶效益第一，聯想效益第二

「客戶效益第一，聯想效益第二」的服務觀念是聯想「服務組織」企業觀念的延伸。聯想堅信，只有客戶投資獲得回報，企業才會獲得回報。

柳傳志提出「客戶效益第一，聯想效益第二」的服務觀念，並把這種觀念納入到企業文化建設的範疇裡。在柳傳志看來，企業獲得效益的過程是三個主要環節：一是發現消費需求；二是滿足消費需求；三是企業獲得效益。企業獲得效益必須建立在客戶獲得效益的基礎上，利人方能利己。「客戶效益第一，聯想效益第二」的服務觀念是聯想「服務組織」企業觀念的延伸。聯想堅信，只有客戶投資獲得回報，企業才會獲得回報。

柳傳志希望電腦的功能能被客戶用足、用好，於是他就站在客戶的立場上，盡可能把每一個環節都想到。這樣的銷售方法逐漸形成了聯想的一種企業文化。在中國企業當中，聯想大概屬於爲數不多的「研究員站櫃臺」企業。這也形成了聯想的一種優勢。聯想發展至今，年銷售額突飛猛進，其中約有一半以上營業額來自國家各行各業的重點工程，應該說這與聯想的特色經營(服務)有著十分重要的關係。站在客戶的立場，好的商品、好的銷售、好的服務，聯想的特色經營整體表現在這幾點上。

聯想是一個高文化高境界的企業。它的高文化高境界表現在對企業的觀念和認識上，聯想對於企業是服務組織的理解即便不是開風氣之先，也是做的最爲堅決和持之以恆的。

隨著ＩＴ產業的發展，服務又在扮演著新的角色，被賦予了新的定義。過去，服務只是產品營銷的一個要素，透過爲用戶提供良好的維修以提高產品的附加價值。而現在，服務從幕後走了前臺，越來越顯示出它的重要作用。企業的競爭從以往產品價格的競爭轉移到服務的競爭。

過去，服務包含在產品中。而現在，用戶需要的不僅是包含售後服務的產品，而且需要提供貫穿用戶購買、使用、學習等過程的全方位服務。服務已滲透到公司運作的各個環節。

服務既然是產品，當然就有價值。客戶在買一個產品時，就應買到了基本的服務。但如果把所有的服務費用都包含在產品中，勢必會增加產品的成本，這樣用戶難以接受，而且由於其中的服務費用有限，廠家所提供的服務也不可能滿足用戶各方面的需要。所以聯想制定了對基本服務以外的服務收取合理的費用。例如，電腦服務中「軟故障」的服務量很大，聯想把哪些屬於「軟故障」，哪些軟故障是屬於收費範圍定義得很清楚，除此之外都免費。聯想從一九九九年六月開始實施以來，還沒有收到過用戶的反面意見，也就是說，用戶對此還是能夠接受，比較滿意的。

此外，聯想有大量的家庭電腦用戶，如果他們能在自己生活的社區就近得到所需要的服務，必將大大方便用戶。以社區爲基礎，擴展消費與服務的領域，形成良性用戶服務體系，將起事半功倍的效果。基於這種想法，聯想已開始在北京選擇一些社區，成立了「聯想社區1+1用戶協會」。

在各區中選擇懂技術、有責任心的人擔任協會會長，並透過協會這個平台，使得既是街坊鄰居又是聯想技服人員的協會會長，能以新的方式塡補傳統服務的內容，如幫助用戶學習電腦知識，升級電腦硬體等。聯想利用1+1用戶協會，將來可以開闢更廣闊的服務，如社區內部網路服務、社區資訊諮詢服務、社區電子商務、社區數位視頻娛樂、社區和社區單位並網等，將來都可能成爲新的服務重點。而社區1+1用戶協會在豐富社區文化、推動資訊化都將起獨特的作用。

回顧過去，如果把PC和分銷當做是整個聯想集團得以騰飛的第一級火箭的話，那麼，系統整合業務很可能將成爲新世紀裡聯想集團騰飛的第二級火箭！聯想表示，其目標是在未來三至五年內在專注行業、推動應用方面成爲中國具有影響力的、負責任的系統集成商。而在具體業績方面，聯想希望在未來五年使集團的軟體及服務業能佔有集團利潤的三分之一(目前軟體及服務收入只占十%左右)。

隨著知識經濟時代的到來和網際網路日漸融入人們生活之際，「服務」二字已經被賦予了更廣泛的內涵，提供各種各樣的「服務」已經成了IT業最重要的發展趨勢之一。從IBM宣佈服務已成爲公司總收益的重要來源，到HP提出E-Services的口號，都已經說明了這一點。就聯想看來，在諸如PC、網路及Web設備等產品方面，它已佔據了較大的市場份額，在這麼大的比例上發展難度很大，發展空間也有限，而整合業務機會相對多得多！由此思考聯想二〇〇五年的發展目標，及其想成為全球企業五〇〇強的「宏願」，看來，做好「服務」勢必不可少的。

怎麼做「服務」？在柳傳志看來，系統整合可以算得上是最典型的「服務」業務。因此，倚仗在該領域的多年積累，專注行業、應用為本，使系統整合業務有一個突破性、跳躍性的發展，就成了聯想進軍「服務」業的一條捷徑。

透過良好的服務，聯想在做大自己的同時，也做大了別人。許多分銷、代理聯想產品的合作夥伴，都成了獨立體系的渠道，這些人自己做了老闆，而且，越做越大，越做越紮實。

柳傳志做市場有一個高招，不是獨家撐個門面，而是把各渠道的合作夥伴都拉進來一起做。這不僅僅是要營造一個「人氣」，也是要營造一個共用利益的磁場。聯想出費用、出產品、出市場概念，合作夥伴出市場經銷渠道，各取所需，各自盈利。在網際網路時代，服務是一個關鍵的鏈結。而在這方面，聯想無疑是中國企業當中做得最好的一個。

聯想服務，在您身邊

近年來，柳傳志使聯想在售後服務上增加了資金、人力資源投入，不僅強化了原有備件、渠道、人員等服務平臺建設，還建立了客戶資訊管理系統（CRM）。在服務渠道建設上，更是充分印證並凸現出「聯想服務，在您身邊」的服務理念。

聯想服務渠道負責承接聯想全線產品的售後服務工作，爲不同用戶提供專業的售後服務。目前，聯想服務已擁有業界規模最爲龐大的服務網路，在全中國二百六十二個城市設有一線維修服務網點五百八十多個，規劃時特別覆蓋了一些地處偏遠的地區，比如在河南駐馬店、甘肅敦煌、福州閩東等城市，聯想依然設立了服務機構，以保證及時回應當地用戶請求，第一時間爲用戶提供標準快速的聯想服務。爲了快速解決客戶問題，聯想實施的是即時調度。

爲了進一步樹立專業、親和的聯想服務品牌形象，讓維修站成爲聯想服務精品渠道的核心基礎，柳傳志還全面發放並推行聯想服務渠道VI（視覺識別）形象手冊，從店面標識、格局、裝修、裝飾等方面統一維修站VI形象，讓不同地區的用戶都能感受到相同的服務。

柳傳志推行服務工程師認證體系，聯想服務人員必須通過培訓認證後才有許可權維修聯想的產品。也就是說，聯想的服務人員是必須經過考試合格後，才能工作。這個考試除了要考電腦技術知識之外，還包括服務意識、服務技能等多個方面。通過認證的聯想服務工程師維修技術都很專業，而且，服務規範，態度好，以滿足顧客服務需求。聯想是業界第一家推出服務工程師認證體系的。目前，體系中包含四級——實習工程師、助理工程師、工程師和高級工程師。

事實上，要求服務人員執證工作，對聯想而言並不是新鮮事。二〇〇〇年，聯想全面推行技術服務工程師認證體系（LCSE），以保證聯想服務工程師不僅有幫助用戶解決軟、硬體問題的技術能力，同時要有達到用戶滿意、甚至超越用戶滿意的服務意識和技巧。

迄今爲止，聯想已經培養了二千五百名聯想服務工程師，遍佈全中國。通過認證體系全面系統的意識、技術、規範等培訓和嚴格的考核認證，聯想服務精心打造一支優秀的服務隊伍，全力爲客戶提供更專業更親和的服務。

第八章 生產與品質管制

質量是企業的生命，品質管制應該貫穿於包括研發、生產等企業的全部環節。

——松下幸之助

管理體系簡化

所能做的也就是能簡單就簡單，儘量簡化管理，有矛盾的地方就先把它簡化掉或者合在一起。

柳傳志認爲，在一個企業的管理體系中，生產及業務流程管理的重要性僅次於人事管理，尤其對於聯想這種以貿易帶動技術發展和進步的企業來說。因此，他非常注重生產及業務流程的管理。

一九九三年，當時聯想在銷售方面，柳傳志按照行業將聯想分爲行業一部、二部、三部；按大區分爲華東區、華南區、華北區，各部門之間獨立核算，因爲行業和大區身上都是背著指標，所以行業和大區經常爲爭奪客戶「打架」。

生產製造方面，則按職能分爲維修、評測、生產製造、企劃、採購、物控部等部門，大多數部門由一名副總裁掛帥，各部門之間自成體系，出現問題很難協調。柳傳志稱這種體制爲「計畫體制」，他這樣歸納的理由是根據該體制的運作過程：「定下今年要賣三萬台PC的目標，企劃開始定價格，採購部門把零件買進來，採購部門採購多少，生產部門就生產多少。PC生產出來，放進倉庫裡，至於賣不賣得掉，那是銷售部門的事情。」

這種盈利利線是脆弱的，一個環節出現閃失都有可能致命，哪裡會允許聯想PC存在這麼多問題。各部門之間不能有效地配合、協調，勢必造成對市場反應遲緩，造成企業動作遲緩。當時聯想ＰＣ物流年周轉率只有一．二次，就是說生產出來的ＰＣ要一年以後才能賣出去，並把錢收回來，這樣一筆資金一年之內只能做一次生意，如今聯想ＰＣ的物流資金周轉爲一年七到八次，這就意味著同樣一筆錢，現在要比原來多做七次生意，多賺七道利潤。

一九九三年三月十九日，柳傳志授命楊元慶把集團涉及微機的部門從集團管理中獨立出來成立微機事業部。聯想這種當一種體制不能適應市場變化時，徹底重建其組織架構的方法，雖然勢必在當時造成一定規模的陣痛，但不失爲一種快刀斬亂麻的方法。如果當時只是在集團母體內部進行組織架構的重組，可能一時難以收到成立一個獨立事業部、把ＰＣ業務通盤管理起來的效果。

負責實施這項改制計畫的楊元慶當時所有工作只有一個指導原則——「精簡隊伍，精簡組織架構，減少原來由於協調困難所導致的大企業病」。在這種思想指導下，原來涉及ＰＣ的二十多個部門被壓縮爲銷售、市場、技術、綜合、生產製造五個部門。楊元慶承認，這種組織架構在今天看來有很多地方顯得很荒唐，比如技術部門包含了研究開發（那個時候主要是簡單的評測）、維修和技術服務三項職能，用今天的眼光看，技術服務部門應該屬於前台的市場系統，不應當劃歸技術部門，維修和評測也不應該放在一個部門裡面，之所以要把測試部門和維修部門合併到技術部是因爲「原來評測和維修兩個部門一天到晚爭吵，維修講評測做得不好，評測講事情原本就該維修做，經常出現扯皮的事情」。

而且，當時柳傳志的管理思想也不像現在這麼有系統，不像現在對管理有這麼多理解。面對繁紛雜的局面，他所能做的也就是能簡單就簡單，儘量簡化管理，有矛盾的地方就先把它簡化掉或者合在一起。在簡化部門的同時，新的聯想PC事業部還致力於人員的精簡，將原來三百多人的隊伍一下子精簡到了一百二十五個人，特別是銷售系統由原來的一百多人，銳減到十八個人。

這樣大幅度地裁減銷售人員是需要一些勇氣的，因爲按照常識，一個前一年沒能完成銷售任務的公司，銷售勢必會成爲下一年工作的重心，而恰恰在這個時候，柳傳志卻做出了在外人看來是削弱銷售力量的驚人之舉。聯想的簡化管理在外人看來也許有些過於草率，但事實上這恰恰是現代化管理的精髓。

市場化生產和產品化經營

> 用戶才不管你的企業是虧損，還是賺錢，更不管你的管理好壞，他要買的是你的產品。

簡化管理是科學管理的基礎，很難想像一個繁雜的業務流程能得到科學管理。柳傳志深知這一點，所以在簡化管理的基礎上他又進行了科學管理的嘗試，結果取得了成功。如果說一九九四年，聯想注重的是精簡，以方便協調，那麼到了一九九五、一九九六年，聯想站穩了腳跟以後，柳傳志更多考慮的是怎樣的架構更加科學合理。

一九九五年，聯想成立物控部之前，雖然擺脫了原來按計劃生產的模式，變爲按市場需求生產，但這種按市場需求生產基本上憑的還是對市場的感覺，它的依據是，銷售部門什麼產品銷得快，就多生產什麼產品，反之就少生產。

當時聯想還沒有訂單的概念，一九九六年以前，代理從不給聯想下訂單，代理進貨，先要查聯想PC的庫存，看庫裡有什麼機型，查明有這種機型後，再決定是否進貨。這種模式會產生「先有蛋，還是先有雞」的難題：代理要貨要得少，生產部門當然就少生產或者不生產，而代理商在庫房根本沒有看到這個機型，他又怎麼進貨？在這種模式下，產品是否適應市場需求，全憑市場感覺，別無它法。在這種狀態下很容易造成這一批機器賺錢，下一批機器賠錢，因爲誰也保不准自己對市場的感覺永遠百分之百準確無誤。

聯想電腦改變這種情形的方法是成立物控部，物控部採取的是安全庫存結合按訂單生產方法：只要是聯想電腦發佈的產品，代理盡可以下訂單。

聯想電腦對訂單有一個進貨的時間限度，如標準機型，多少台以內，三天供貨，標準配置以外的一個星期內供貨。代理的訂單一發到聯想物控部門，就立即被編號，庫存裡有的機型馬上發貨，沒有的機型，馬上組織採購生產，整個過程中，物控部門會跟蹤訂單在每一個環節上的實施，確保能在聯想承諾的時間內把機器交到用戶手中。這樣聯想電腦的生產就由過去全憑經驗和感覺變成了以市場爲導向，有效地控制了庫存風險。

一九九五年、一九九六年，聯想開發了伺服器、筆記本電腦兩個產品，但開始的時候，賣得不是太理想。一個全新的產品，並不是把它生產出來，然後交給市場系統就能賣得出去的。對於區隔化很好的ＩＴ市場和生產製造日益專業化的電腦產品而言，一個公司推出一個全新的產品必須要有一個新的系統，這個新系統新到就好像要爲這個新產品新獨立出來一個公司一樣。

其原因如下：新產品之於公司舊有系統而言，有著不同的用戶和市場定位，要把新產品賣出去，必須組織新的力量進行新的市場開拓。而公司原有的市場人員和銷售人員這時正爲原有產品形成的系統上忙得火熱，他們的熱情當然集中在那些現在能夠大量地出貨，市場做得很好、很成熟的舊有產品上，新產品只能被放在從屬的地位，這種情況極不利於越是新產品越需要投入更多精力推廣的現實需求，此種情形勢必會造成新產品越不做越難做成功的惡性循環。有兩個途徑避免此種情況發生：一是將產品獨立出來另成立一個新公司，但對一個公司而言，不可能有一個新產品就成立一個新公司；二是在公司內部解決問題，就是設立產品經理職務位，成立產品部。

柳傳志對產品經理職務的定義是：以產品的方式來串連所轄產品的所有環節——這個產品怎麼立項，花多少錢開發，什麼時候開始組織採購，什麼時候組織生產，什麼時候發佈，組織怎樣的服務，全由產品經理負責。完成這些環節在公司原有體系裡面有專門的部門負責，也就是說公司本來就存在著這些資源，產品經理的任務就是把這些資源串起來，並負責監督、監控它的實施。

產品經理要做出產品銷售的預測，交物流控制部門執行，在新舊產品交替的過程中，他還要負責決定什麼時候舊產品下來，新產品上去。物流和產品經理預測有出入的時候，或者產生積壓或者生產不足的時候，產品經理應該採取促銷或者追加預測等相應措施。以上所有事情在公司原來只有一個產品的時候，是公司總經理所要做的事情，當產品多了的時候，一個總經理就忙不過來了，必須要有新的人員和部門分擔他的工作。

從聯想對產品經理的定義不難看出，產品經理雖然職位不高，但對他的素質和能力要求卻很高，因爲他是決定一個產品是否能夠賺錢的關鍵。儘管產品經理和總經理幹的是一樣的活，但當時並沒有多少人願意做產品經理，大家還是覺得做所謂的產品經理沒有做銷售過癮，而且其他部門也難以給予產品經理很好的配合，各部門當時更願意聽總經理的話，還不太習慣聽進產品經理的話。

如今大家對產品經理的認識發生了變化，柳傳志認爲，產品經理獨立於研發人員，在業務規劃上，他負責整個產品體系的規劃，在資源規劃上，他負責產品所穿過的公司所有部門的組織協調。產品經理負責考察整個公司的組織結構，在公司現有的組織結構中能夠找到的產品經營所需要的資源，產品經理有責任更好地加以利用；沒有資源，產品經理有責任提出創建這種資源的要求。在聯想看來，產品經理應獨立於市場人員。

產品經理對於用戶的理解只能部分地來自市場部門的反饋，產品經理不能不接觸用戶，不能不親自接觸市場，要把市場系統作爲他唯一的觸覺。產品經理必須親自和代理商接觸，關注銷量變化和技術變化，特別是技術變化是產品立項是否適合用戶需求的關鍵，因爲電腦說到底還是技術驅動。

另外，爲了進一步瞭解市場和用戶需求，產品經理還要組織專業的市場調研。總之，凡是涉及產品的變動，包括研發立項、服務立項、銷售立項、技術服務立項都要同期展開，而要達到這個目標全要仰仗產品經理的協調努力。在這些工作同期推進方面，聯想做得並不是很好，可是，聯想知道需要這麼做。

因爲企業是爲用戶提供產品的。企業可能認爲自己是賺錢的，但企業自己認爲自己是做什麼的並不重要，關鍵是用戶認爲你是做什麼的。用戶看一個企業就是看它的產品，用戶才不管你的企業是虧損，還是賺錢，更不管你的管理好壞，他要買的是你的產品。

七個關鍵因素

正因爲質量標準的原則是市場原則，質量標準是市場標準，所以商品質量檢測最權威的手段是使用過程的檢測。

當今世界，企業之間的競爭越來越表現在產品質量的競爭上。產品質量不僅是產品的魂，更是企業的生命線。由於高科技的迅速發展，大大地推動了產品的設計與開發，並顯著地改變著人們的生活方式與水準；廣大消費者對產品從以往只求耐用與廉價的觀念，變爲日益追求個性化和多元化。伴隨著這些引人矚目的變化情勢，從世界範圍來看，產品質管制的觀念、重點、標準和程式等方面都在發生明顯的變化。

柳傳志認爲，對產品質量的管理，企業必須注意以下七個關鍵因素：

因素一：顧客

在現今和未來的市場激烈競爭中，任何新產品的推出要是得不到消費者認同，銷售將會受到嚴重影響，甚至無法銷售。同時，消費者由於教育水準和收入的提高，有越來越多的機會獲得更多資訊，對產品的要求也越來越高。在這樣情況下，產品在市場上的定位將不會像以往那樣可由生產廠商隨意決定，而必須先調查消費者的眞正需求，其中包括質量問題。

這就是說，產品質量的要求和水準將不是由企業說了算，而是由消費者說了算。也可以說，只有顧客所認定的「質量」，才是決定市場競爭成敗的關鍵。日本日立公司一九九一年發給所有員工每人一本小冊子，鼓勵員工如何爲「顧客滿意」努力。關於產品質量，小冊子中有這樣一段話：「如果無法讓顧客滿意的話，質量就沒有意義，提供給顧客的質量，若只停留在工廠內滿意，那是錯誤的想法。」

因素二：產品設計

長期以來，許多企業為改善產品質量，常把過多的注意力放在分析生產線上所出現的不良產品，採用很多「防堵性」的質量檢驗人員與設備，以防止不良產品流出生產線。柳傳志對產品質量的管理，做了許多精闢論述。他認為：「要控制產品質量，與其按傳統方法把注意力放在生產程式和設備上，還不如在產品設計一開始，就考慮如何使該項產品足以經受生產過程的變異，而不致影響質量水準。」

由此可知，如何把品質「設計到產品內」，是保證產品質量合乎要求的關鍵所在。在海外的工業產品生產行業中，流行一種所謂「1：10：1000」的成本法則。就是說，假如在生產前發現一項缺陷而予以改正，只要花一塊錢的話，若此項缺陷到了生產線上才發現，則需花十倍的錢來改正；假若在產品銷到市場被消費者發現而要改正，就不是花一百倍的錢而是要花上一千倍的代價。

因素三：零缺點

「零缺點」（即沒有缺點）的產品品質管制標準，最常聽到質量標準是「允許質量標準」。按照這樣的標準，假設某項產品的生產需要十五道工序，每一道工序的允許質量標準是九十九％，也即不良率只有一％，看起來很不錯，但是通過十五道工序，將九十九％總共乘上十五次，結果最終合格率只有八十六％，這表示一百個產品中會有十四個是瑕疵品。

一九八八年夏季在日本，代表三千七百五十家公司的一萬六千人舉行了一次慶祝會，認同「零缺點」的品質管制二十年對日本整體產業的貢獻。柳傳志一貫堅持地認為：對質量的追求應是一種毫不妥協的使命。

因素四：成本

在激烈的市場競爭中，價格競爭是無法避免的。企業若不能解決有效降低成本這個問題，將是難以生存的，這是因爲，提高產品質量可以與降低成本齊頭並進，這是因爲，如果產品質量一次合格，可以省去返工的浪費和保修費用，更可減少廢品、次級品對成本的影響。

因素五：開發速率

產品質量要不斷地滿足顧客的要求，即產品對顧客的適用性又構成產品質量的一個重要方面。要做到這一點，必須不斷地開發新產品。從這一觀點來說，產品的質量還包括產品的品種。所以，新產品開發速率的競爭，也是產品質量的競爭。

美國許多廠商爲了縮短產品開發週期，正試圖打破傳統的「順序式」開發方法，採用「同步式」的開發方法。所謂「順序式開發方法」，推銷部門將初步構想交給設計者，設計者草擬出具體構想後交給產品試製部門，產品試製部門關起門來埋頭做出一批成本頗高的樣品，然後拿出其中一種交給製造部門，由製造部門搞出一套製造程式來生產此種新產品。這種方法好像接力賽，一棒一棒地跑。

所謂「同步式開發方法」，就是從一開始，各部門就一起磋商，提出一種既符合用戶需要，又適合於企業製造能力的設計。這種方法好像美式足球賽的進攻型狀態，球員們排成一列，一起往前跑。

因素六：質量經營產品開發週期

質量問題不光是產品製造問題，也不光是品質管制部門的問題，而是整個企業管理的問題。也就是說，產品的質量將受整個企業「經營質量」的影響。國際上一些管理專家認為：「產品質量的提高是企業經營質量提高的具體表現和反映。」因此，未來的企業，在觀念上應以廣義的質量經營的觀點不斷完善企業的管理制度、質量計畫和品質管制制度等各個方面，才能保證眞正製造出合乎質量標準的產品。

因素七：人的質量

不論多麼好的管理制度，都要由人來執行、來實施、來完成。無數的實驗證明，產品質量取決於企業的「人員質量」。但是「人的質量」除指企業人員的學歷深淺、學問的高低、知識的多少等「有形」的「質量」外，還應涵蓋經驗、技術、進取心、向心力、愛廠心、熱心、公德、尊重消費者等等這些無形的「質量」對產品質量的影響，現代管理學明確提出：「產品質量不是製造出來的，質量是一種習慣。」、「對產品質量的尊重，等於對消費者的尊重。」顯然，這就把產品質量問題推向人的「文化層面」。ＩＢＭ管理學院有一句名言：「質量是九十％的態度，知識只占十％」。

柳傳志認為，下列條件影響著一個企業的品質管制：

一、**企業質量制約制度的建設**。隨著全面品質管制的深入推行，企業內部的品質管制制度也在不斷地完善。現在普遍存在的問題，一是制度執行不嚴，二是制度可操性不強，如造成什麼經濟損失，操作員如何計算，應該怎樣處罰等，往往不明確，使質量難以在實際管理中起有效的作用。

二、**企業質量機構的建設**。企業質量機構的建設包含兩個方面，一是機構設置合理，二是人員配備得當。這要求除了要設立專門產品檢驗部門、品質管制部門外，還要賦予相應的權力和地位。就人員配備來講，還要選派那些會管理和善於管理的人去領導這一工作。

三、**企業品質管制系統的運行方法**。品質管制系統運行是否得體，是否有效，主要看其工作是否能使產品質量、工作質量處於受控制狀態。目前各企業執行的首檢、自檢、巡迴檢、專職檢、品質管制點、5S管理和SPC技術等方法都是行之有效的。

當前主要應注重使工作質量處於受控狀態的辦法。一是工作制度化、規範化，這樣統一的工作能保證質量。二是堅持每日或每週工作的自報和檢查，使工作情況得以相互瞭解，及時瞭解，便於發現問題，加以指導，使工作質量處於受控制狀況、處於最佳狀況。三是使工作資料化、檔案化。這些辦法使工作者和領導者很容易瞭解和掌握工作質量情況。這樣使工作質量得以控制，解決一直存在的工作質量好壞憑印象的失控狀態，使企業的品質管制得以全面執行。

四、**企業生產的專業化水平**。裝備陳舊、生產技術落後，也是影響中國企業質量工作的重要因素。透過提高專業化水平，就會顯著提高產品實物質量水平，產品成本也會下降，從而形成規模效益。

關於質量標準，聯想提出一個尖銳的問題：質量標準的原則是學術原則還是市場原則？質量標準是生產標準還是使用標準？質量評判權威是檢驗師還是消費者？

在柳傳志看來，質量標準的原則應該是市場原則。質量標準原則應該是使用標準而非生產標準。在聯想人看來，商品最終是要提供給消費者使用，因此商品的使用價值是商品質量的最終體現。商品功能滿足需求的程度，商品的好用性，商品的耐用性，是構成商品質量的重要因素。

柳傳志認爲：正因爲質量標準的原則是市場原則，質量標準是市場標準，所以商品質量檢測最權威的手段是使用過程的檢測，也因此，消費者是商品質量最權威的評判者。

「樹根」理向了「樹梢」

柳傳志認爲，定理有無窮多個，而且，清晰明確，但它們都是由公理推導出來的。

柳傳志發現，幾乎所有企業都不否認管理對於企業的重要性，也幾乎所有企業都在或多或少地進行著一些管理，但幾乎所有企業都不敢說自己已經找到了管理自己企業的方法。

管理的困難不在於去不去管理或者對於管理的執行，而在於不知道該怎樣進行管理，不知道如何進行管理。管理就像一隻很難抓到，但又無時不在起著作用的「手」。

企業效益下滑，人們會說這家企業的管理出了問題；某企業人才流失嚴重，人們同樣會把癥結歸結到管理上來，但這樣說的人和被說企業一定都不知道問題究竟出在哪裡？如果知道，問題早就解決了。管理沒有一套放之四海皆準的方法，但將管理具體化則一定是尋找有效管理的正確途徑之一。

聯想電腦的職務責任制體系並不代表一個企業管理的全部，但它的確是一種有效的看得見的品質管制。聯想電腦第一份職務責任制公布時，看似十分簡單，上面只有一項內容，僅寫明誰在什麼崗位上以及這個職務有什麼職責。當時，這份職務責任制的主要作用是爲聯想制定公司薪酬體系用的，對指導員工實際工作用處不大，原因是這份職務責任制裡面沒有職責考核，沒有工作要求，沒有職務工作環境，也沒有做好了以後待遇會怎樣的規定。

一九九六年，柳傳志對職務責任制進行了討論，除了認爲應補充職務考核、工作要求、職務工作環境以及懲罰等四項內容之外，並打算先做各部門內部的職務責任制，然後再做部門之間的職務責任制（聯想稱其爲部門介面）。

柳傳志承認，職務責任制雖然制定了出來，但對實際工作的指導意義仍然不是很大。聯想的管理者們在評價員工的時候，在要求員工應該做什麼的時候，並沒有想著要拿出職務責任制那張紙看看。如今看來，職務責任制最大的收穫是讓所有聯想人樹立了職務責任制意識，知道了考察一個職務應該考慮那些問題，欲增加新職務，聯想部門經理會主動把職務責任制表塡好，而不再像從前只是口頭報告說：「我的人不夠了，給我加個人吧！」

柳傳志早在職務責任制的制定實施過程中，就發現靜態的職務責任制體系很難適應不斷變化的環境。柳傳志做完部門內部的職務責任制，接著做部門間的職務責任制，即部門介面，一做，才發現所謂的部門介面制度幾乎做不下去，因爲部門介面的事情太多，靜態地去寫部門間的職責劃分永遠也寫不完，即使今天寫清楚了，明天事情一變，還要重新寫，而且，部門介面制度也無法說明究竟哪個部門應該對一件事情的全過程負責。

聯想職務責任制的模式可以這樣比喻：從樹梢做起的職務責任（先做部門內部的職務責任，後做部門間的職務責任），即使樹梢都理清楚了，但只要樹根（部門）動一點樹梢就全錯位了。

動態的工作流程活化了職務責任制

一九九七年，柳傳志在聯想電腦公司開始理「樹根」，由於適時引入了動態工作流程的概念，很快就理出了頭緒。工作流程的概念是把一個企業的主要業務分爲：產品流程、質量流程、服務流程、物流流程等幾個大的流程，在這些主要流程的層面上重新定義公司各部門在流程中的職責，這樣就比較容易理順公司各部門之間的協調關係。聯想各部門明確了各自在每個流程中的職責以後，再把各部門所負責的職責同樣以流程的方式分解成若干個子流程，最後落實到各個職務，這樣，職務責任制的模式就從「樹根」理向了「樹梢」。

職責的分解，解決了做什麼、做到什麼程度由目標鎖定。職責部分對應的是員工職務指導書，目標部分對應的是員工季度目標表。如今，聯想電腦公司對崗位責任的理解是：企業組織結構是動態的、發展的，崗位責任制寫得再好，如果它自身沒有動態完善的機制，也會變得沒了生命力。爲此，聯想電腦公司把職務責任制同工作總結結合在一起，要求員工做總結時必須對照職務所界定的職責和目標進行總結，使總結和職務責任制發生互動，在這個互動過程中一方面可以檢查員工是否完成了自己的職責和目標；另一方面，也可以及時發現職務責任制中的哪些條款僵化了，哪些條款跟不上實際變化了。

柳傳志表示，如果僅僅把職務責任制看成是鞭策員工努力工作的工具，那麼，靠職務責任制這點動力是不夠的，聯想希望員工能把職務責任制看成是自己行動的指南，而不是因爲有了這方面的明文規定，領導就好來管我了。在聯想看來，沒有職務責任制，就好像排球場上沒有分工，六個人即便都有很好的合作意識，球一打過來全都衝上去救，結果撞在了一起，球還是沒有接著，企業也是一樣，如果分清職責，卻沒說清楚誰盯哪一點，工作就很難進行。僅有高漲的熱情，僅有敬業的精神，但到底該幹什麼，靠領導一對一地去說，說不過來，幹到何種程度，也說不清楚。聯想希望管理者把職務責任制體系看成自己日常管理的一部分，很多原來聯想做業務的人員走上管理職務後，不知道什麼是管理，只能把管理理解爲給手下派任務，然後，檢查他能不能做，做得怎麼樣。職務責任體系是一套現成的管理手段，管理人員可以用它進行管理，善用這個管理手段，對業務會有一個很好的進展。

聯想在制定實施職務責任制體系過程中最深的一點感受是：職務責任體系方法論可能要比職務責任內容本身更有意義，因爲這套體系的方法論能培養和提高管理者的管理素質。

按照國外經驗，一個企業的職務責任制需要五年才能成熟，但即使職務責任制完全成熟，聯想也不認爲，一份完善的職務責任制就能夠包治百病。就在聯想實施職務責任制的過程中，已經感覺到不是什麼事情都能夠規定清楚，一個企業除了生產線的工人以外，不可能把職責都說得清清楚楚，好多東西，即便職責說清楚了，意識問題不解決，還是實施不了。聯想將企業的規章制度和規範稱爲「定理」，將一個企業的文化稱爲「公理」。

柳傳志認爲，定理有無窮多個，而且清晰明確，但它們都是由公理推導出來的。一個企業如果只教會員工掌握清晰明確的定理，而不理解公理的部分，一旦出現定理延伸不到的地方，就會出現問題，而一個企業之中總有定理延伸不到的地方須公理起作用，同樣以打排球爲例，一定要有分工，但是還要講究配合，文化就能解決制度空白的部分。聯想曾指出，公司的管理存在人治、法治、文化治三個層次，說的就是這方面的意思。

從源頭控制

聯想電腦的研發成績不僅表現在做出一流的產品，更重要的是建立起一個好的研究架構，使之能夠像流水般不斷產生好產品。

在一個企業的品質管制體系中，技術研發是源頭，尤其對聯想這樣的高科技企業來說，技術開發力量的強弱，直接決定了聯想產品的質量能否始終領先同行。因此，柳傳志一直強調技術領先。

過去，中關村很多人都說聯想就是個大兼容機廠商，因爲聯想當時缺乏足夠強大的技術研發力量。但在今天中關村已經改變了聯想是大兼容機廠商的看法。以Win98中文版發佈爲例來說明聯想在中國市場上的技術領先優勢。

聯想電腦是當時中國市場上唯一一家，在所有主流機型上同期預裝Win98中文版的廠家，第二家預裝Win98中文版的廠商晚了二個月才跟上來，是否預裝Win98中文版，沒有價格方面的原因，微軟提供給ＰＣ廠商的Win98中文版價格和Win95中文版一樣。擺在用戶面前兩台機器，一台裝了Win95，一台裝Win98，用戶肯定選擇了Win98。在這種情況下，誰能先安裝Win98中文版，必能取得市場的先機，但Win98不是誰想預裝就可以預裝上的。

爲了能在主流機型上同期預裝Win98，聯想早在一年前就開始做準備，爲達到同期預裝的目的，必需在微軟提供的各個時間的測試版上做各種驅動程式的相容性測試，微軟不斷地改BUG，也不斷地製造BUG，作爲硬體廠商只能夠跟著它改來改去，以確保最終的Win98中文版在聯想ＰＣ上不出問題，另外，聯想還要更動「幸福之家」、「我的辦公室」等軟體，以便它們能在Win98上跑得更好。

在聯想看來，衡量一個ＰＣ廠商有沒有技術應該從以下四個方面考慮：

■ 有沒有一支研發的隊伍
■ 研發的投入有多少
■ 新產品更新時間的長短
■ 新產品能帶來什麼效益

對照這四個方面，聯想電腦現在的研發隊伍數百人；一九九九年在研發上的投入將超過二千萬元，如今則達到了上億；產品每半年改型一次，一個機型的升級可以在一個月內完成。發展至今，聯想電腦傳統上是春秋兩季集中發佈新品，如今聯想感到一年兩次新產品根本發佈不夠。因爲ＰＣ存在現成的標準，所以一台ＰＣ有兩種生產方式：一種是先有整體設計，先一個目標，然後圍繞著這個目標來組織生產；另一種是事先沒有目標，而是按照現有的零件攢出一台機器來。

而聯想早在數年前已經做到了整體設計。現在聯想不僅早就掌握了生產設計標準主板的技術，而且還可以生產沒有統一標準的異型主板。另外，聯想電腦的板卡、多媒體卡、多媒體控制台全都是自己設計的。

聯想將當今的ＰＣ技術分爲：產品設計、工業設計和內核設計三個層次，聯想電腦在工業設計能力上已經達到了國際水平。

但大家似乎不太滿足於聯想現在具有的研發能力，大家重視和希望的是，聯想什麼時候能在內核設計上也達到國際水準。聯想稱此研發的思想與傳統文化中的修身養性一脈相承。中國人總是認爲把一個問題想得越深越好，但問題是中國現在拿不出那麼多錢來做核心設計，目前也只有像聯想這樣的企業每年才捨得投入這麼多錢，用在產品設計和工業設計上。

Intel總裁貝瑞特訪華，在成都一所大學演講，面對「電腦核心技術都掌握在美國人手中，CPU、作業系統都是這樣，中國電腦是否就無技術可言」這一問題時，貝瑞特博士回答：「CPU只是電腦中的一個部件，其進步也只是電腦的一項進步，這次到北京，參觀了聯想，看到了聯想的新產品後，感覺到聯想的產品在人機介面、整機技術、綜合技術性能上，都達到了世界一流水平。」這就是國外一流IT企業對聯想技術力量的一種承認。貝瑞特看到的聯想新產品問天LCD、PC和日立有一些合作，開始談合作的時候，日本人想的是怎麼把技術賣給聯想，但是等他們看了聯想做出的產品，話題變成了怎樣轉讓聯想六六技術。聯想研發LCD、PC比日本晚，但僅用了一年時間就超過了日本。

由此可見，聯想的技術力量有多強。中國人一談技術，容易習慣性地指向核心，指向CPU和作業系統，這兩樣技術掌握在少數幾家美國公司手中，剩下的公司都無法染指，那麼，剩下的公司難道就都沒有了技術？在美國，爲什麼沒有人質問DellPC的技術在哪裡？在中國卻有人懷疑聯想沒有技術？聯想認爲，那是因爲聯想電腦在技術上的進步要比人們對聯想電腦的認識更要快得多。

一九九四、一九九五年聯想PC的確和兼容機的差距並不明顯，從一九九六年，聯想電腦設立了中國第一家工業設計中心，接著建立了中國第一個隨機軟體設計中心，一九九八年，聯想投資上千萬元在深圳建立了中國最好的電磁相容性實驗室。現在聯想的研發機構已從一九九四、一九九五年的二十多人，每年投入一百萬元至四百萬元，發展到現在數百多人，數十個實驗室，每年投入上億元。

在柳傳志看來，這幾年聯想電腦的研發成績不僅呈現在做出一流的產品，最重要的是建立起一個好的研發架構，使之能夠像流水線一樣不斷產生好的產品，而不是偶然地出一個好的產品。爲了建立一套能不斷產出新產品的研發機制，聯想電腦首先破除了原來研究所研發的指導思想，而是堅持認爲，市場上沒有價值的東西，在R&D就沒有價值。

第二，是強調工程化的開發流程。聯想的這個流程強調開發部門是一架機器，研發人員在這裡面只是它的一個零件，在這架機器裡面，沒有一個人的成功和失敗，只有集體的成功和失敗。聯想認爲，當很多人配合在一起，所有的勁都能往一處使，力量是突破性的。不像在研究所裡，研發是某個人的事，憑個人的力量單打獨鬥，以致於產品的個人色彩過重，無法形成經驗累積和延續；公司的研發需求必須能不斷地出好產品，不是出了一個好產品就結束了。

工程化的開發，有可能會因爲介面過多而造成效率降低，所以，在聯想電腦的研發中又強調了TeamWork的工作方式，由專案經理帶領，由軟、硬體開發工程師和測試、質控人員參加，以產品爲主線，來貫穿這個產品在研發線上的每一個環節。

第九章

佈局研發

研發是企業整個產品競爭的第一步，也是關鍵的一步。

——INTEL總裁：貝瑞特

研發人才「田忌賽馬」策略

所謂「田忌賽馬」，就是在電腦主機板這個領域投入代表中國電腦技術最高水準的一流人才，這與發達國家的做法大相逕庭。

柳傳志認為人才是企業的財富，他深知技術人才的重要性，懂得怎樣利用好人才，尤其是把一流人才放在最恰當的位置上，才能爆發出驚人的能量，柳傳志的「田忌賽馬」策略，給這個中華民族的古老智慧賦予了新的含義，極富創造性。

電腦主機板在整個電腦製造業中是一個市場需求量大、利潤率不高的產品，它要求製造企業具有相當的技術能力，同時在電腦行業中又屬於勞動密集型。在一九八九年以前，台灣壟斷了世界電腦板卡製造業，進入九〇年代之後，聯想率先打破了台灣的壟斷。

一九八九年，柳傳志提出「田忌賽馬」的產品策略。所謂「田忌賽馬」，就是在電腦主機板這個領域投入代表中國電腦技術最高水準的一流人才，這與發達國家的做法大相逕庭。製造業利潤薄，國外企業不把主要精力和人才投注在此，即便台灣的企業也把精力和人才向利潤更高的地方轉移。柳傳志看準了這個機會，將中國國家電腦技術的精銳部隊投注在電腦板卡製造業，以聯想人的話說這叫做「用我的上馬對你的中馬，用我的中馬對你的下馬」。

今天，全球每十台電腦中平均有一台電腦使用著聯想生產的主機板，聯想集團何以能夠做到這一點呢？國際電腦市場風雲變幻，由晶片到主機板，由主機板到電腦整機，一項新技術會在幾個月內把整個鏈條拉動。處於這個鏈條中間的主機板製造廠商，如果它的產品創新能力不夠，譬如Pentium晶片出來了，你不能夠在兩三個月推出相應的主機板，那麼你就會被人從這根鏈條摘掉。今天的電腦板卡製造商，它的產品創新能力除了表現在對電腦核心技術的跟蹤上之外，還包括同類產品的創新比較。

柳傳志「田忌賽馬」的做法是，集中優勢兵力、選準突破點。當時二八六在歐美有極爲廣闊的市場，而充斥這個市場的主要是台灣和韓國的產品，「田忌賽馬」完全可以與他們較量一番。技術上說二八六個人電腦從在國際市場上是屬於中馬、下馬的範圍，但「田忌賽馬」一定要拿出上馬來和他們對陣。也就是說公司拿出較爲充裕的資金，拿出第一流技術人才，在認眞分析了國際上各種類型的二八六之後，「田忌賽馬」運用先進的設計思想，選用國際通用的、整合度最高的、最新生產的元件，使其設計出來的機器成爲上乘產品，性能遠遠優於台灣、韓國和香港當地的產品。產品一經推出，二八六產品接到三十幾個國家廠商的訂單，遠遠超過了聯想當時的生產能力。時至今日，聯想仍然有許多「田忌」在做著賽馬的遊戲，聯想的馬也會越來越多，越來越強。

漸進式創新

漸進式創新，即透過持續不斷地累積局部或改良性的創新，最終引起質的變化，實現根本性的創新。

柳傳志意識到，在競爭日益激烈、殘酷的市場環境中，企業的創新能力顯得越來越重要。可以說，一個缺乏創新能力或創新能力很弱的企業，在今天是無法生存的。而企業要具有強大的創新能力，前提必須擁有良好的創新機制。創新機制在企業管理體制的重要性正日益凸顯出來。幾乎每個企業都知道創新的重要性，但如何創新卻是困擾許多企業的難題，而聯想卻走出一條具有鮮明特色的漸進創新之路。

柳傳志的經驗是：漸進式創新，即透過持續不斷地累積局部或改良性的創新，最終引起質的變化，實現根本性的創新。聯想的發展過程正是企業經營者對發展戰略不斷調整和選擇並予以實施的過程；正是邊幹邊學，管理體系不斷完善，創新能力逐步形成、不斷升級的過程。聯想的發展歷程、發展戰略、管理、企業制度、領導班子等方面無一不呈現出漸進創新的特點。

創業之始，以技術服務爲累積資金的主要手段。一九八六年聯想研製成功第一個主打產品——聯想漢字輸入系統，並以此爲龍頭，推動技、工、貿的發展，形成了「大船結構」的管理模式。一九八八至一九九四年，聯想從貿易型公司轉變爲開創型企業，以國際化帶動產業化，形成規模經濟，聯想股票也在香港順利上市。

一九八七年末，聯想集團策劃了海外發展三部曲，實施「瞎子背瘸子」、「田忌賽馬」、「茅台酒的質量，二鍋頭的價格」等策略。一九九四至一九九六年，聯想完成了管理模式從「大船結構」向「艦隊結構」轉變，開始實行事業部體制。

在這一階段，聯想在管理上有了突破性進展，通過了《聯想集團管理大綱》，從此公司走上正規的戰略制定道路。在技術競爭日趨激烈的今天，聯想集團提出了「打破應用瓶頸，促進資訊產業發展」的口號。一九九八年，聯想與中國科學院計算技術研究所共建聯想中央研究院，加大前瞻性基礎研究力度，並透過進軍軟體產業，提高技術附加價值。

一九九九年，聯想提出全面進軍Internet，以及「三合一」的新戰略，推出「天禧」網際網路功能電腦和全線網路產品，爲新世紀聯想的發展奠定了堅實的科技基礎，從以上的事實不難看出，聯想的成長是創新的過程，且就內容看，大多數是針對中國國情的改良型創新。

具體說來，聯想的「技術創新」，能夠發現技術的市場潛力及進行針對性的改進，能夠眞正理解中國用戶需求，從而達到事半功倍的效果；聯想的「管理創新」，旨在提高資源組合效率，更多地涉及到人與人之間的關係和機制，正中傳統做法、體制、觀念和缺陷之要害；聯想的「制度創新」，集中在建立基本體制架構，如市場制度和企業制度，從體制上爲技術創新和管理創新提供了行爲規範。聯想的實踐表明了，中國企業管理創新的實現過程，同時也是健全現代公司經營體系和實現管理正規化的過程，是專業經理人員成長形成的過程。

在中國，管理正規化工作是創新型的工作，因為大多數中國企業至今仍還不瞭解和市場機制相協調的正規化為何物；在中國，仍缺乏合格的管理人員，同樣的創新，在中國，意味著要付出更高的制度和人力資源調整成本。有鑑於此，在中國，創新同時要求逐步正規化，創造有利於專業經理人員成長的環境條件，即同步創新和建立與現代企業及中國企業家相適應的管理體系。與國外企業家相比，中國企業家的創新活動具有特殊性，因為他沒有現成的管理人才和管理體系支援他實現「新組合」。

柳傳志透過自己的創新實踐指出，中國高科技企業在創新時通常要遇到四道難關。

■ 觀念關

人們在長期的計劃經濟體制下形成對市場作用的認識、對科學研究和技術開發的關係、對科研成果的評價方式、對企業中科研開發的作用和地位等等的舊觀念都不能適應市場經濟的要求。

柳傳志的體會是，舊觀念的影響就像人在水中行走一樣，阻力巨大，但卻無形，使你有勁使不出來。

■ 機制關

柳傳志認為這是最重要的關口。因為高科技企業都是在滾動中發展的，在前進的路上要遇到無數的風險和挫折。如果沒有一個好的機制，讓創業者成為這個企業的主人，這個企業幾乎不可能會成功。

環境關

處於社會主義初級階段的中國，企業對發展環境要求過高是難為了政府；而在現有的環境下，要求高新科技企業健康發展，又實在是難為了企業。柳傳志表示，目前中國的法律體系並不完善，各種法律沒有完全配套，而且立法和執法能力不夠，這給企業帶來很大的困難。環境不利致使吸引人才遇到了極大的困難，從海外歸來的專業人才無力改進環境，又無法適應環境，最後無用武之地，造成很大的遺憾。

管理能力關

高科技企業的開發成果無法形成效益，柳傳志認為最主要的癥結在於企業自身的管理能力，以及長期的計劃經濟體制的局限，由於在中國沒有讓類似於海外企業管理專門人才的環境，致使高科技企業的管理相當落後。而沒有企業管理作為基礎，「技術創新」、「高科技產業化」等都難以實現。

聯想一直很清楚，作為一個高科技企業，利潤成長的根本因素是技術創新。但基於上述認識，基於要建百年老店，所以聯想選擇了「貿、工、技」道路，用十餘年的時間來建立企業的管理基礎和企業的營銷基礎，為技術創新的實現做好準備工作。

如何做到使企業技術創新能力不斷提升呢？聯想摸索出一套行之有效的辦法：

一、要有一套行之有效的技術創新體系

在這個體系中，核心是定義面向市場的產品。而決定定義的兩個動因分別是可獲取的成熟技術和用戶的市場需求（或潛在需求），其中可獲取的技術又可分爲自主創新的技術和可獲取的第三方技術。企業創業初期，多數是轉化第三方技術。在對需要開發的產品目標進行了定義以後，透過應用成熟技術，加上自己開發設計的創新，最後形成市場需要的產品。

此外，一個產品要形成一個成熟的、大規模的產業僅靠產品推廣活動是不夠的，還要配合有創新的市場推廣活動，這一點對於不是面向既有市場，而是開闢一個全新市場，或者是在創造一種市場需求的情況下尤爲重要。最後一點，開發和設計的創新可以看作是企業技術創新的基礎和累積過程。一個企業的創新能力是一步步發展壯大的，其軌跡就是一步一步地從先進技術的「使用者」，過渡到先進技術的「推進者」，最後到先進技術的「創造者」。

二、提供組織和流程的保障

柳傳志認爲只有當一個企業能夠源源不斷地產生新技術、新產品，並保障其達到理想的銷售規模時，才能算擁有了創新能力。聯想注意到，科技創新能力的提高最終反映的是企業產品競爭力的提高。科技領先的產品並不僅僅意味著最先進的技術，同時更重要的是這些最先進的技術能夠爲消費者所消化，能夠通過優秀的設計轉化爲用戶適用、易用的產品。事實上，後來聯想在總結自己的成功經驗時，就歸結在這點上。一個企業只有不斷地學習，在學習的基礎上去創新，才能夠獲得發展。

創新是一個高科技企業的靈魂。這裡所指的創新，不僅是技術的創新，同樣也包含市場的創新、生產的創新、管理的創新、體制的創新。而創新的基礎是學習。今天大家看到聯想的市場新舉措不斷、產品不斷創新、管理也不斷推陳出新，很多都是借鑒了國外企業的成功經驗。聯想常說九十％是學習別人的經驗，十％是自己的創新。

因此，從某種意義上講，如果沒有國外那些具有先進管理水平、技術水平的一流大企業來到中國，中國的ＩＴ企業也許要花更長的時間才能達到今天這樣的水準。

３Ｃ和３＋：提供創新平台

> 企業研究院，就是企業的技術創新基地，它就像一塊白板，有很大的創造空間，可以盡情描繪自己的藍圖。

柳傳志認爲企業要創新，除了要有一套行之有效的創新步驟，還需要一個平台，或者說一個環境，這個所謂的平台或環境就是創新基地。微軟的創新基地位於美國、歐洲和中國的微軟研究院，聯想的創新基地則是與中科院毗鄰的聯想研究院。

企業研究院，簡單地說，就是企業的技術創新基地，包括企業的研發中心和技術實驗室等。一九九八年，微軟在北京設立微軟研究院，掀起了外國企業、國營企業，甚至民營企業創建企業研究院的熱潮，希望憑藉高科技向國際制高點衝擊。企業研究院，越來越成爲企業創新的發源地和人才的聚集地。

柳傳志曾公開透露，未來幾年內，聯想直接投入的年度研發費用將達到營業額的三%，研發人員在集團人員結構中的比例，將從現在的二十一%提升到二十六%。在聯想的研發體系中，聯想研究院居於核心地位。聯想研究院自一九九九年成立以來，兩年多的時間已發展到一百多人，成爲聯想的人才基地。聯想研究院院長賀志強這樣定義企業研究院：「企業研究院首先應當滿足企業現階段發展對技術的需要，同時能推動企業未來的技術進步和核心競爭力的提升。」

聯想研究院所副院長兼專案管理部總經理孫育甯表示，聯想研究院吸引人的地方在三方面：首先，它院充分表現了團隊管理的寬鬆氛圍，研發人員實行彈性工作制，研發人員之間相互欣賞的工作態度也表現了合作精神。其次，企業研究院就像一塊白板，有很大的創造空間，可以盡情描繪自己的藍圖。研究院現在做的研究工作，例如軟體、資訊電器、無線通信等等，方向是比較領先的。此外，研究院所有技術領域是從應用和解決實際需要的角度向縱深發展的，同時研究方向是開放的，與國外大企業進行緊密的合作。聯想研究院副院長兼伺服器研究室主任杜曉黎也談到，在聯想，首先自己是公司員工，然後才是研發人員，此外再加一些管理工作。以前在科學院，自己首先是科學家，然後才是員工。杜曉黎表示，在研究院裡應該說更寬容一點，寬容允許你犯錯誤，這種寬容的精神從培養人的角度來說很重要，如果犯九次錯誤，第十次可能是巨大的成功。

對於企業來說，一定要講究投入產出，所以不能要求企業像學術機關一樣寬容，但是這中間就要把握合適的度；企業要做研究院，但不是純粹的研究機構，怎樣將企業效益最大化的追求同研發上的寬容度結合起來，並尋求一種平衡，這可能是巨大的挑戰。寬容應該包括所有的管理措施、文化氛圍、目標導向等。技術得到市場的認可，是技術的價值，也是熱愛技術的人才價值。

杜曉黎說，聯想目前最大的優勢，在於有一分的技術含量，就可以發揮出一百分的效用。「我們考慮研發方向、工作方向，是站在公司的角度考慮。現在很多企業在搞研究院，都是在探索過程中。我想如果機制健全而且有效，能夠發揮人才的優勢，看準了這個東西，而且比別人早，我們在市場上就走得比別人領先一步。」

柳傳志讓技術人員有機會與國外企業頻繁接觸，與國際領先技術潮流保持同步。這樣爲技術人員的未來發展考慮，讓員工感受到了機會均等，使員工產生了歸宿感。

3C和3+是柳傳志的創新理念，包涵的意義有：

3C

Customer-Oriented（用戶至上）源於市場，服務市場，逐步培養核心競爭力。眞正好的產品一定是從市場需求出發的，只有以用戶需求爲導向，致力於不斷解決用戶的深層問題，才能使產品和技術具有強大和持續的生命力。

Chain of Success（成功鏈結）研究院的研發戰略是公司整體戰略的呈現，研究院的研發是公司整個產品鏈的其中一個環節。一個產品的成功，是公司全體人員共同努力的結果，是研發、市場、管理成功鏈結的結果，有了市場和管理的緊密協作，才有研發成果的順暢轉換。

Continuous Effort（堅持不懈）對研發專案經過由上到下、由內到外的嚴密論證之後，認准方向、堅持不懈地在某一領域鑽研直到成功，要有持續的人力、資金投入和一支能耐得住「寂寞」的持久作戰力的隊伍。

3+

Basic+Innovation（尊重規律+勇於創新）對行業規律和研發規律要有清晰的認識，並分析清楚自身的競爭優勢。在此基礎上，用敏銳的眼光抓住機會，勇於做技術上的突破和創新，從而打造研究院的核心競爭力。

Leader+Team（學術領導人+團隊合作）良好的創新氛圍，爲一流的人才自由地發揮才能創造廣闊的空間。研究院注重鼓勵團隊合作精神，並在實踐中培養學術領導人。這裡所言的學術領導人，不但要在學術領域有較高的造詣，而且還要能起優秀的指導和管理作用。

Internal+External（內部資源+外部資源）在充分利用聯想集團深厚的管理和品牌資源的同時，堅持國際化、積極利用外部資源。透過整合內外資源，展開多方面的學術和技術方面的交流合作，發揮人才和技術上的優勢，快速地推出新產品、新技術。

知識經濟時代的技術創新

中國的人才就像一顆一顆的珍珠，都各自為陣，都散落著。缺乏一種有效的組織，有能力把他們穿成一串項鍊。

二十一世紀是資訊時代，同時也是知識經濟時代。在知識經濟時代的大背景下，柳傳志認為聯想的創新機制要有所變化。當前中國強調科教興國和技術創新，其中一個值得重視的論點就是明確了企業是技術創新的主體。

技術成果成為產品乃至成為商品是要透過企業去實現的。這裡面從大的環節來說，一共有三個部分：一部分是關於研究開發的；一部分是關於生產的，從批量生產到規模化生產，採購的問題、質量控制的問題、工藝的問題等等。聯想把這個部分叫做「研究成果的工程化處理」。研發成果只有經歷了這種工程化處理之後才可能變成產品。

而第三部分是市場問題，涉及到渠道問題、價格策略以及服務等等。產品只有透過這種市場化的處理之後，才有可能變成商品，變成錢，最終形成產業。這樣分析之後，能夠得出什麼結論呢？那就是科研成果的商品化必須經過企業化的管理，這是一個系統設計的問題。

因此，從一個國家來說，企業實際上是技術創新的主體。根據聯想的經驗，體會到技術創新核心所遭遇的問題：

第一個問題是投資主體的問題。也就是說誰來負責對技術創新投資。聯想過去始終是由政府來負責的，政府是技術創新的投資主體。政府怎麼投資呢？政府可能對一些技術的前景分析是對的，可能對市場需求的判斷也沒有錯誤。於是，政府把大筆的資金投進去了。結果是投資失敗，知識變不成錢。如果讓企業去投資，它又會怎麼考慮呢？它不僅僅要考慮技術本身的價值問題，還要考慮自己的市場能力問題，還要考慮到由誰去負責做這個項目。

美國高科技企業在進行技術創新投資的時候，有專門風險投資公司來做。風險投資公司有一批各種各樣的專家，這些專家對專案進行充分的分析論證之後才會把錢投下去。風險投資公司的操作一般是這樣：它可能投資了十個項目，最後至多有兩、三個專案成功了。然後，風險投資公司把成功的項目拿去上市。上市之後它可能把那些失敗專案的投資賺回來。這是什麼意思呢？一是技術創新是風險很大的投資；二是技術創新的投資必須由那些懂得行業發展規律、懂得企業管理的人去做。所以，企業應該成爲技術創新投資主體，這是技術創新需解決的第一個問題。因爲只有企業才能解決技術創新必須解決的一些關鍵性問題。

第二個問題則改良技術創新的投資環境。以聯想爲例，有一些項目至今聯想不敢做，爲什麼呢？因爲柳傳志知道還有一些問題沒解決。那就是關於技術創新投資環境的改善。打比方說，在美國，高科技企業有著非常好的投資環境。它可以在企業規模很小的時候股票上市。這樣高科技企業發展所需的資金就能夠解決。但在中國是不行的，企業必須連續三年有利潤，必須達到相當的規模才有資格上市。這種規定對高科技企業的影響是很大的。一些規模不大，但成長潛力很好的高科技企業發展不起來。所以說，改善技術創新的投資環境是聯想要解決的第二個問題。

第三個問題是高科技企業員工持股、尤其是創業員工持股的問題。高科技產業對人力資本的要求很高，比其他很多產業領域的要求都要高。於是，聯想就面對一個問題；打比方說，在美國假如有一個投資者，要投資一個高科技企業，有一個人或者幾個人是可以做這件事情的。於是他就跟對方說：我給你幾十萬塊錢，過五年你要辦出一個有多少億資產的企業，你自己只能有很少一點股份或者根本沒有股份。這種事情根本就不可能發生，人家不給你幹。

因此高科技企業的員工一定要持股，而且要盡可能多持一些，這是高科技產業的特性所決定的，否則就會違背規律。回過頭來談創新，不解決好技術創新投資主體、技術創新投資環境、高科技企業員工持股，成果變成產品並最終形成產業都將是很難的。

但聯想是一種特例，或者說是個別現象。爲什麼呢？第一是，聯想集團是八〇年代成立和發展起來的。如果聯想還以過去那樣一種觀念和方法來衡量今天和以後，認爲這樣做就能夠發展高科技產業，那就大錯特錯了。聯想今天要探討的其實是那些帶有必然性的規律。

第二，聯想第一批創業員工，也就是五十多歲的那一代人，和今天三十多歲的這一代人價值觀是有很大不同。老一代聯想人當時沒機會做什麼事情。改革開放以後，只要有機會做事就很滿足。今天不同了，三十多歲的人他們可以選擇的機會很多，要求也很多。聯想必須研究他們的願望，必須給予合理的滿足。應該說「貿工技」是聯想自己摸索出來適合自己的一條路，並非一定就是放之四海都能行的眞理。聯想的創業者們是中國科學院的技術人員出身，辦了企業之後，才去做企業管理的課題。因此與美國高科技企業裡的管理者不一樣，如何管理企業方面有很大的不同。國外的商業環境完善，但聯想不行，沒有那種教育。管理的一些問題對於人家可能是最基本的常識，但對於聯想則是一道完全需要從頭做起的難題。人的情況不同，大家需要解決的問題就不同。由於人才情況的不同，聯想才選擇了「貿工技」這條道路。對於聯想的創業者來說，學習管理企業在絕大多數時候比解決技術更重要。

當然，這只是一個方面。柳傳志之所以要走「貿工技」這條路，還有一個考慮就是中國的環境與美國不同。譬如說美國，很多大企業它本身有很好的研發成果，又有很成熟且大的銷售系統。所以，它很清楚研發與採購、生產、銷售是什麼關係。至於美國的小企業，往往能夠得到風險投資公司的幫助。風險投資公司不僅注入資金，還會幫助這些小企業提高管理水平，幫助他們與那些有良好銷售網路的大企業銜接，管理有人幫助，資金有人幫助，銷售有人幫助。當然，這一切的前提還是要你自己能夠做好。但是，在中國是不行的。聯想沒有這種健全的市場環境，從幫人家賣產品的過程中，學會建立和管理銷售渠道。等其他環節、條件基本完備的時候，聯想再上科研這一環，這就是聯想的貿工技道路。高科技企業不做貿易純作科研是不行的，只有學會貿易，把賺到的利潤再投入到科研上去，這樣才有可能成功。

的。

因此，聯想內部產生一個說法，叫做「跟在外國人後面吃土」，大概是指給外國品牌做銷售代理，既賺了錢，又學會了貿易。當然，「吃土」是說利潤低。幫人家賣東西，利潤總會比別人少，沒有什麼不平衡。換個角度看，又能有利潤還能長本事，這樣的事情是划算的。

聯想有一支優秀的人才隊伍，無論老一代聯想人，還是新一代聯想人，他們中間都有一些功勳卓著的領軍人物。也許，這支人才隊伍並不像社會各界誇獎的那麼好，但聯想自己很珍惜。中國有很多人才，美國矽谷大量的華人工程師說明了這一點。

中國的人才就像一顆一顆的珍珠，都各自為陣，都散落著。缺乏一種有效的組織，有能力把他們穿成一串項鏈。這個組織是誰呢？應該是企業，當然這裡指的是對於高科技人才來說。聯想需要去充當那條線，把這些珍珠穿起來，那時候，聯想的發展眞的會如虎添翼。知識要經濟，需要解決組織人才的有效機制和制度。沒有有效的機制，銷售網就會散落；沒有有效的制度，各自為戰的中國人就不能形成整體合力。聯想要把珍珠們串起來，還得漂亮美麗，需要做些什麼呢？

最根本的是聯想要有好的發展、好的舞台。只有這樣才能比較充分地向各類人才提供機會，才能比較充分地激勵他們。在聯想，個人發展的機會是很大的。如何看這件事呢？人總是希望做大事的，做大事能夠充分表現自身價值。所以，企業要發展，要有舞台。否則，珍珠就不會願意被你穿起來。

說到底，企業選擇什麼樣的人才和人才選擇什麼樣的企業，其實是一種價值的判斷。有實力、有舞台是「穿項鍊」的根本。其次是怎麼穿項鍊、怎麼培養人和用好人的問題。聯想這些年在這方面摸索出了一些經驗。知識經濟時代的到來，對聯想既是挑戰又是機會。聯想與同行那些著名的電腦廠商如ＩＢＭ、康柏還有很長一段距離，聯想的技術研發力量還很薄弱，聯想的創新機制還有很多需要完善的地方。但聯想只要照上面這些做法幹下去，一定會有希望進入世界五〇〇強，與它們同場競技。

一二三結構

「一二三結構」，意思是一個委員會、兩大體系、三個研究開發中心。由於這樣的科研體系和結構的建立，十多年來，聯想集團始終保持科技領先的優勢，從而也奠定了企業發展的基礎。

計劃經濟時期，中國的科研機構和生產完全脫鉤，即便有好的產品研究、開發方案，但不能轉化爲產品，隨著改革開放，企業越來越重視產品的研究、開發，但和國外企業相比還有很大差距，僅就高科技產業來說，如積體電路、微處理器、軟體發展等附加價值低、市場佔有率低。

從創業初期柳傳志就非常重視產品的研究、開發，從聯想的中文卡到聯想電腦，以及網路、軟體的開發都是如此，後來爲了更直接感受世界同行的最新成果，建立了「一二三」的研發格局。聯想有四個主要業務部分：一是以個人電腦爲主的自有產品；二是代理分銷業務；三是板卡生產，不僅滿足需要，還拿到國外去銷售，這是一個全球性的業務；四是系統整合，爲大的行業做硬體、軟體的系統整合業務。

柳傳志認爲，最好的科技成果一定來自於市場。因此他把科研開發機構設置在市場前線。聯想集團的科研開發由一個中心、兩大體系、三個堡壘構成。

「一個中心」是集團公司的技術管理委員會，其主要職能是負責整個公司科研方向的把握和重大課題的批准及推進；「兩大體系」是指市場的新技術推廣、資訊回饋以及客戶現實問題的解決。市場開發體系是指公司的技術中心，其主要職能是負責公司引導市場的新技術開發與科技儲備；「三個堡壘」是指設立在美國矽谷、香港、北京的三個研究發展中心，其主要職能是跟蹤世界先進技術，保持科技領先優勢。

聯想也許是第一個把研究開發中心設在美國矽谷的中國企業，這個研究中心建立於一九九一年。當今世界電腦技術的心臟在美國，就是因爲這一點，聯想人覺得他們必須有一支尖兵部隊在那裡，否則他們就無法及時感知世界市場的體溫，無法做出第一時間的反應。

聯想一共有三個研究開發中心。在矽谷的研究中心主要負責新技術的搜集、分析和市場預測，然後反饋到香港；香港的研究開發中心負責新技術實施條件論證（包括材料及製造要求）和市場推廣前景分析，然後反饋到北京的研究開發中心，這裡聚集了代表中國電腦技術最高水準的中科院計算技術研究所的專家，由他們對新技術進行整體設計，然後再投入生產。

聯想的三個研究開發中心保證了他們與世界先進技術同步，這一點對一個電腦企業來說是十分關鍵的。聯想人透過對自己科研組織的創新設置來實現這一要求。同時，他們還有兩大技術體系。一個叫「應用技術推廣體系」，這個體系主要是指設立在大銷售事業部內的技術中心。它的主要職能是負責已有新技術在市場的推廣和問題反饋。另一個叫「應用技術研究體系」，這個體系主要職能是負責新技術的開發。在這三個研究開發中心和兩大體系之上有一個技術委員會，這是聯想集團研究開發方向的最高決策機構。柳傳志把聯想這種科研體系結構取名為「一二三結構」。由於這樣的科研體系和結構的建立，十多年來，聯想集團始終保持科技領先的優勢，從而也奠定了企業發展的基礎。

爲核心技術奠基

以聯想為代表的中國優秀高科技企業，將作為中關村的旗艦，帶領中關村一起騰飛。

二〇〇二年七月二十五日，聯想在北京爲研發基地舉辦動土典禮。預估二〇〇三年十月順利完工，工程總建築面積近十萬平米。

當天北京市副市長劉志華、中國科學院副院長楊柏齡、柳傳志、聯想高級副總裁兼聯想研究院院長賀志強等參加了奠基儀式。「北京研發基地的奠基，是象徵聯想向更高山峰攀登的里程碑！聯想大力推進研發、倡導技術的時機已經成熟，基地奠基就是一個印證。」柳傳志在致辭中這樣表示，「十八年來，聯想已經積聚了豐富的勢能，現在需要實現的是以技術爲驅動力和核心競爭力，走上高科技產業化道路的更高目標。」投入五億元建設北京研發基地，不僅是柳傳志對硬體設施建設的一次大手筆，更充分表明了柳傳志加大研發投入、打造「高科技的聯想」的決心。

事實上，當聯想以二百二十億元的年營業額、占有中國PC市場接近三十%的份額走過二〇〇〇年，成爲理所當然的中國IT業旗手之時，柳傳志所確立的「貿工技」發展道路上，聯想已經走到了最後的「技」關。二〇〇一年，在整個IT市場增長緩慢，甚至被稱爲「冬天」的市場環境下，聯想二〇〇一年度財報顯示，聯想集團在營業額保持增長的同時，利潤增長了四十二．九%。

在奠基儀式上，柳傳志一再強調：「聯想現在已經到達了『貿工技』發展道路上的一個小山峰，但我們面前有一座更高的山峰，那就是眞正實現技術驅動，形成核心技術競爭力。北京研發基地奠基，就是我們現在從小山峰攀登上更高山峰的重要里程碑。」

柳傳志相信，聯想的科技，將在聯想北京研發基地立足、發展；科技的聯想，將從這裡走向世界。

回顧聯想十八年來走過的道路，柳傳志不無感慨。「聯想是冒著很大風險選擇的發展道路，就目前來看是成功的。我也承認，在貿工技之外，還有很多種發展模式可行。但如果讓我再選擇一次，我仍然將帶領聯想走上貿工技之路。事實證明，這條路可能相對較慢但更加穩妥。當然，我們也能從華爲的經驗中學到一些東西，讓我們更有激情和衝勁。」

對柳傳志來說，北京研發基地提供的不僅是一個研發人員進行研究的場所，它是未來創新的基地，要從這個里程碑出發眞正登上貿工技道路上更高的山峰，需要考慮的東西還很多，例如技術到底能給利潤帶來什麼好處？爲什麼很多有核心技術的企業仍難以避免倒閉的命運？柳傳志強調：「身爲高科技企業，一定要面對市場，技術研發考慮的不僅是要形成產品，更要將產品在市場上加以推廣。」

「要使技術能眞正成爲公司的核心競爭力、業務增長的動力，研發本身只能作爲這個過程中的一個環節，必須是資金、企業文化、環境等一系列因素的相輔相成。」應該如何眞正實現技術驅動？柳傳志將這個過程比喻成打仗，要戰勝對手，必定有一個蓄勢的過程。

爲了打一場漂亮的技術仗，十八年來，聯想積聚了巨大的勢能，包括豐富的管理經驗、良好的市場基礎、成熟的領軍人物等，最關鍵的是有巨大的資金作「靠山」。柳傳志表示，聯想現在手裡有二十八億元淨現金，有這二十八億元作底氣，聯想的眼光可以更長遠；而聯想要實現技術突破，自己研發並不是唯一方式，還可採用兼併、購買專利、吸納其他優秀技術團隊等途徑。

聯想在技術創新戰略上一步步邁出了紮實的步伐。自去年四月宣佈「高科技的聯想、服務的聯想、國際化的聯想」戰略目標後，聯想在網際網路網關鍵應用技術、無線技術、高性能伺服器及存儲技術等領域進行了深入研究並取得積極成果。截至今年六月底，聯想的專利申請總數達六百一十五件，新增專利中發明專利占五十四％，已初步形成具有自主知識產權的核心技術體系。

柳傳志表示：「聯想集團北京研發基地將爲研發人員創造開放的研發環境，培養寬容、創新的研發文化，激發研發人員創新能力，保證公司技術研究圍繞核心戰略，形成全面推進的勢能。」聯想集團北京研發基地正式開工，意味著聯想集團將沿著柳傳志倡導的**PIPES**理念這條研發主綱全力衝刺，進一步釋放網際網路能量，促成聯想向核心技術全面轉型。

在聯想的發展藍圖中，技術創新戰略的有效實施，將能有效推動聯想技術進步和核心競爭力的提高，不斷創造新的利潤成長點，將聯想的管道鋪得更廣更遠，在這個過程中，北京研發基地的奠基，無疑已經落下了濃墨重彩的一筆。

「建立北京研發基地，大力投入對核心技術的研發，並不僅代表著聯想站到了更高的高度。」北京市副市長劉志華也表示，「中關村不僅是北京的中關村，也是中國的中關村，將來還要成爲世界的中關村，其國際競爭力將在今後五年中全面加強。

第十章 決策E世紀

資訊化對於現代企業來說，不是要不要的問題，而是生存與死亡的問題。

——IBM前任CEO：葛斯納

讓員工「先ＩＴ起來」

對一個員工，當舒適的工作環境和一流的自動化辦公條件都已不再新鮮，那麼他還需要什麼？

當網際網路和電腦已經無處不在，空氣中到處都是「Ｅ」的氣息，要讓員工從頭到腳都是一個眞正的ＩＴ人，該怎麼辦？對一個員工，當舒適的工作環境和一流的自動化辦公條件都已不再新鮮，那麼他還需要什麼？

就在不久前，中國ＩＴ企業的第一品牌——聯想悄無聲息地爲很多員工的家中配上了一台「同禧」家用電腦。

隨著公司銷售業務的連創佳績，聯想在自身高速發展並實現了高度辦公自動化的同時，更開始關注如何給員工帶來全方位的資訊化生活空間、創造更好的家庭辦公和娛樂環境。此次聯想爲全球各地（包括海外）的員工共計配備了五千多台頂級配置的聯想「同禧」家用電腦（採用ＰⅢ八百處理器、一二八Ｍ記憶體、二十Ｇ硬碟，附帶一年免費上網帳號），並都一一送到員工的家中。

柳傳志欲透過此舉達到三個目標：

一、**是充分利用網際網路的便利**，爲員工的家庭辦公創造便捷。在發展變化迅速的ＩＴ

領域，員工常常會遇到很多突發的事件，聯想希望讓員工能夠安心地在家裡處理這些事情，公司也在為此創造良好的環境，比如說員工可以直接在家裡透過撥號進入公司的內部郵件系統。在提高工作效率的同時，也能享受到家庭辦公和娛樂的樂趣。

二、**是為員工提高自身的IT素養創造一個全方位的環境**，使他們在八小時以外，回到家裡也能隨時隨地熟悉網路和電腦的應用。

三、**是希望這種做法能在無形中塑造一個氛圍**，讓員工在不知不覺中把個人的追求融入到公司整體的發展中，這也是聯想的企業文化之一。

此次為員工免費配備家庭電腦的舉措，在聯想內部引起了很大的迴響。一位員工透過公司內部網路的「進步信箱」這樣說道：「為中國的用戶帶來一個全方位的網上新生活，已經成為中國的IT企業共同的願望。在實現夢想的道路上，讓自己的員工成為『先IT起來』的一部分，應該是一條必經之路。另外，透過這件小事，我也可以向同學、朋友很自信地說：聯想真的在為員工未來的發展創造一個全方位的空間。」

ERP引領管理變革

隨著ERP系統的實施和成功上線，聯想內部加深了對企業管理流程的認識，逐步實現企業向未來發展方向與管理模式的轉變。

「ＥＲＰ系統的實施與上線，使聯想從管理理念到管理模式都躍上了新的臺階。ＳＡＰ R/3 系統的使用，不但提高了聯想的核心競爭力，也爲聯想搭建起了一個符合企業長遠發展的資訊化平台。」柳傳志在評價ＥＲＰ專案時說。

而ＳＡＰ大中國區總裁西曼則認爲，聯想透過ＥＲＰ專案的實施，將國外先進的思想消化吸收爲聯想的管理理念，融入到聯想的日常管理運作模式中，未來這將轉變成聯想核心競爭力的重要內容。

二○○○年八月十五日，聯想集團正式對外宣佈由聯想、ＳＡＰ和德勤合作的聯想集團ＥＲＰ項目實施成功。聯想（Legend）集團ＥＲＰ項目的成功，不但創造了中國ＩＴ行業在ＥＲＰ項目中的第一，也創造了一個新的Legend（傳奇）。回頭再來看一下十八個月艱苦而漫長的實施過程，所有參加了聯想ＥＲＰ項目的各方人員無不感到欣慰與驕傲。

一九九○年以前，聯想的規模只有幾百人，財務不是特別複雜，手工帳就能應付了。但手工帳最大的缺點是比較慢。由於聯想的業務發展得非常快，十幾家分公司分佈在中國各地，當時財務十分混亂，總公司派了好幾個財務都查不清帳務。同時，庫存和生產管理也依賴手工操作，速度既慢又容易出錯。

在聯想ＥＲＰ專案中擔任資料組負責人的程偉，是一九八八年來到聯想的。程偉回憶起十年前的聯想時說，當時庫房的進貨、出貨都是由保管員師傅在小黑板上登記。當時庫房物料管理遇到最大的問題是沒有物料編碼，同一個物品不同的人可能記錄成不同的東西，財務人員無法區分。就這樣，在手工帳的狀態下，程偉每天不斷整理、分類、統計過去的舊帳，於是，她萌生了用電腦管理的想法——當時人們管這叫「財務電算化」。

E化第一步：財務電算化

一九九一年，聯想購買了第一套財務軟體，實行簡單的財務電算化，即財務核算這部分，開始了艱難的「資訊化」之路。在財務不斷規範的過程中，財務核算的速度提高了，但資料不準的問題卻日益突出。這是因爲帳本上的資料主要來自於銷售和庫存（最容易出錯的兩端），因爲當時使用的軟體只能在入帳、出帳、開票等財務行爲發生的時間點才開始記錄，而且僅僅是在財務系統內的帳面上產生一個値而已。比如庫存，從帳面上看，進了二百萬元的貨，但財務並不知道進的是哪些貨。這種財務管理仍然是一種很被動的方式。

針對這種情況，聯想當時的ＯＡ部自行開發了自己的進銷存軟體、庫存管理系統，這些在今天看來多少有些「原始」的資訊化管理軟體，爲當時的聯想發揮了很大的作用，使得財務能夠掌握採購計畫的全部資訊，不僅提高了效率，很好地計畫資金和付款，而且有效地減少了漏洞，初步建立起了採購和財務之間相互制約和監督的機制。儘管開發出了這些系統，財務能夠瞭解來自於銷售、庫存前端資訊，但從管理的角度看，財務還是在後端，並沒有和業務緊密聯繫。

隨著一九九四年聯想實施「事業部制改造」，分成電腦、分銷和系統整合等多個事業部，業務開始飛速膨脹，對企業來說生死攸關的財務系統，卻在不斷地「打補丁」。平時運轉速度慢也就罷了，月底核算成本時，甚至出現財務系統瀕臨崩潰的情況，資料究竟核算到那裡也不知道，只能從資料初始化重新開始。並且由於前台業務管理系統與後台財務系統資料不整合，爲了保證資料一致，需要多重審核。當時聯想的各種業務憑證一式四聯，總有一聯是審核憑證，否則當出現資料出入就會無法核查。這種審核在業務的各個環節都有，是一種依靠人力保障的不得已措施。同一資料，多次審核，不僅重複勞動，效率也低，而且不能即時反應情況。

聯想集團從一九八四年成立至今，已經走過了十八個年頭，從一個投資十幾萬人民幣的小公司發展成爲擁有員工近萬、年營業額二百八十四億人民幣的大型ＩＴ企業集團，所取得的成績不能不說驚人，但是公司「驚人效益」卻是在資訊化管理嚴重滯後的情況下達到的。在企業內部運行著各種自行開發的ＭＩＳ（資訊管理）系統，各自獨立、自成體系，相互間無法溝通，造成一個個零散的資訊孤島，仍然需要人工監督和干預。聯想這些零散的、以單機或局部應用爲主開發的資訊化管理系統，比起國內同行來甚至可以說是相當先進和成功的，但在面對ＩＢＭ、ＨＰ、DELL等世界級巨頭的競爭之下，聯想的資訊化管理系統已經成爲發展道路上的巨大障礙和瓶頸。

引入ERP最佳的解決方案

到一九九七年，隨著聯想集團的業務量增長到亞太區ＰＣ產量第一、年產值達到一百二十五億元，聯想舊有的資訊化管理系統再已無力支撐起如此龐大的銷售、生產和供應網路。擺在聯想高層面前的緊迫任務是，聯想急需引入世界領先水平的資訊化管理系統，為聯想注入新鮮、先進的管理思想和活力，使企業保持不斷前進的動力和可持續發展。柳傳志對未來的ＥＲＰ提出了兩個最重要的要求：

第一，未來的ＥＲＰ必須能夠大幅提升聯想現有的管理水平，為聯想帶來世界先進的管理思想和理念，而不是原有管理水平上的簡單重複和原地踏步；第二，必須是高度整合、標準化和一體化，全面改變過去零散的局部資訊化、缺乏全局控制的落後的資訊化管理模式。也就是說，聯想需要一個成熟、穩定、有豐富成功應用經驗的ＥＲＰ系統，並且符合聯想一直在追求躋身世界五〇〇強企業的目標。

ＳＡＰ的**R/3**系統正是聯想心目中的最佳ＥＲＰ解決方案。在這樣的背景下，聯想開始尋找先進的ＥＲＰ管理系統，以通過ＥＲＰ管理系統的實施，幫助企業搭建起內部管理的資訊平台，提高管理水平。

在經過一系列的選型調研活動之後，聯想集團在一九九八年的十一月二十四日正式與ＳＡＰ簽約。由全球最大的企業管理軟體供應商、第三大獨立軟體供應商、全球領先的協同電子商務解決方案供應商ＳＡＰ提供ＥＲＰ應用軟體（即ＳＡＰ **R/3** 系統），並由世界五大諮詢公司德勤和ＳＡＰ同時提供諮詢顧問，共同參與聯想集團ＥＲＰ項目實施。

聯想集團ERP項目的實施過程可以用「歷經艱辛、終成正果」幾個字來形容。用聯想集團CIO王曉岩的話講，引入SAP的R/3系統，不只是購買了一套先進的管理軟體，更重要的是對聯想傳統管理模式的挑戰和變革。

實施ERP的初期，只有IT部門和財務部門關心這個系統，而業務部門對此並不十分在意。甚至最高決策者都擔心，上此系統會不會使現有的業務停頓甚至癱瘓。不過有一點是明確的，柳傳志把能不能成功實施ERP，看成是聯想的管理水平和國際接軌的標誌。於是各個業務負責人紛紛表態要支持ERP，但實際上，由於業務部門並沒有起主導作用，使得ERP在實施過程中遇到了很大的困難，他們並沒有眞正認識到上ERP，要改掉過去的很多東西，如工作習慣、資料的標準化、規範化、對業務流程的梳理和改造落後的流程等等。當時有人曾經擔心聯想ERP最後可能只是一堆厚厚的文檔和一個漂亮的DEMO軟體。要改變這種狀態，必須讓業務部門成爲系統的主人，讓他們瞭解ERP對於業務的好處和不實施ERP可能給業務帶來的壞處。

克服實施ERP時所遭遇的瓶頸

在這個階段，SAP的顧問和聯想專案組做了大量的培訓工作，王曉岩出任專案總監，調動了業務負責人直接參與專案，扭轉了項目前期的被動局面。由於認識的提高和業務骨幹的加入，使得項目進展加快，在聯想的實際業務流程基礎上，順利地完成了業務流程的再造和構建。

一九九九年十二月三十一日，聯想ＥＲＰ專案宣告進入實施的最後階段倒數計時，所有的業務同時停止，新的ＥＲＰ系統開始資料初始化和資料上線。經過五個晝夜的緊張奮戰，到二〇〇〇年一月五日淩晨，專案組完成了所有的資料倒入工作。上午九點鐘，聯想ＥＲＰ項目正式上線，勝利地完成了中國最全面、最複雜的ＥＲＰ系統實施。聯想ＥＲＰ專案實施的另一大困難在於業務流程重組和業務梳理。

王曉岩在回顧這段歷史時說：「在實施前期遇到的困難是，我們誤以爲購買了最好的產品（ＳＡＰ），聘請了最好的顧問（德勤），就能將實施的難度降低。」實際上企業自己必須面對這種變革。比如銷售，過去銷售人員和銷售渠道之間形成了默契，在必要的時候可以不按常規操作，但ＥＲＰ要求企業所有運作環節必須和財務緊密聯繫，每一筆交易都即時反應到財務，所有運作流程必須公開、透明，並且對照行業最佳實踐進行調整。

另一方面，聯想在一九九一年以後採用了許多局部功能的資訊化軟體，其中有很大一部分是聯想自己的開發部門自行開發，如進銷存、庫房管理軟體，表面上看，聯想當時的資訊化程度較高，擁有中國最好的資訊化基礎，然而也正因爲如此，聯想一些過去的業務流程與習慣才更難於統一起來，每一個部門都習慣了已有的管理軟體，離開統一的業務流程建構和標準化的模組、資料介面，ＥＲＰ的整合化、一體化就無從談起。

實施ＳＡＰ的**R/3**系統，推動了聯想參照行業最佳實踐，完成對業務流程的梳理和再造。使聯想有一個變革的參照，一個部分一個部分地建立企業的最佳業務流程。有力地推動了聯想電子商務的發展。

柳傳志使聯想的ＥＲＰ專案從一開始就瞄準了世界一流企業的管理水準，這也是聯想爲什麼選擇ＳＡＰ作爲ＥＲＰ系統的原因，不僅ＩＢＭ、HP、微軟等全球ＩＴ巨頭採用的是ＳＡＰ，在世界五〇〇強裡，更有八十％以上的企業對ＳＡＰ的R/3系統情有獨鍾。

楊元慶在聯想ＥＲＰ專案勝利實施之後表示：「ＥＲＰ體現的是一種現代企業的管理思想和管理哲理，是涉及技術和管理兩方面因素的極其複雜的系統工程，是對企業物流、資金流、資訊流進行一體化的管理。僅僅投資購買了軟硬體設備，而沒有將這些先進理念通過資訊系統的實施貫徹到企業經營之中是無法眞正實現ＥＲＰ的價值的。」由於使用了ＳＡＰ R/3 系統提供的組織結構定義，聯想對企業內的各個部門與組織進行了多角度全方位的定義。完整的企業組織模型架構，讓聯想可以從多個角度完成對各部門的分析和考核。

其次，利用ＳＡＰ R/3 系統提供的基礎資料集中管理和共用功能，對業務運作過程中必須的基礎資料加以整理，達到了規範、標準、統一的目標。以集團內部的物料管理爲例，過去由於缺乏相應的技術保障手段，使得集團內的物料編碼存在很多重複現象，不僅增加了採購和生產過程中的工作量，也很容易出錯。

聯想ＥＲＰ系統上線後，物料編號從過去的二四〇〇〇縮減到二〇〇〇〇以下，減少了近二十五％的資料冗餘量，避免了出錯的可能。透過對企業業務流程的梳理和再造，資訊得以準確、即時、集成化地採集和記錄，實現了業務過程的即時、全程控制。另外，SAP R/3系統還具有信用管理和風險控制、開放式資訊倉庫等強大的功能。過去需要七十個人二十天才能完成的財務結帳工作，在使用SAP R/3系統後，僅需要七個人、一天的時間就可以完成，財務報表的處理時間也由原來的三十天縮減為十二天。

隨著ERP系統的實施和成功上線，聯想內部加深了對企業管理流程的認識，使業務流程的參與者瞭解每一個流程環節的目的和價值，逐步實現了企業向未來發展方向與管理模式的轉變。透過先進的SAP R/3資訊化ERP企業管理平台，柳傳志使聯想集團搭建起了一個符合企業長遠發展的資訊化平台，極大地提高企業效率和盈利能力，為聯想打造了與世界領先企業一爭短長的核心競爭力。

雙向資訊，動態發佈

電子商務不僅僅是將企業與企業之間的訂單和支付透過網上來實現，它可能和這個企業的供應商，以及到下游的代理商之間的運作都一體化的來實現。

隨著近一兩年網路大潮的逐漸平息，有人甚至對電子商務產生了懷疑。但毫無疑問電子商務是未來商業和企業發展的潮流。無論是傳統的商務體系，還是利用先進計算網路的電子商務體系，其核心內容都是商務。

但是，柳傳志認爲電子商務出現的意義在於其將商務的電子化發展到了電子商務化。也就是說，電子商務不僅只是在商務實現的手段上有別於傳統的模式，透過建立電子商務平台，用虛擬的數位世界來類比現實的商務運作，從而提高商務實現的效率，降低商務實現的成本，強化商務實現的簡化性，減少商務實現的層次。

簡單地說，通過電子商務的平台來放大電子商務的效率。還不僅僅是這些功能，在這些商務模式中，電子商務將會進一步拓寬其應用領域，不僅僅局限於商務領域，而是可能會貫穿於企業運作的全部環節，甚至是要與上下游的廠商來密切合作，才有可能完成。

柳傳志認識到電子商務不僅僅是將企業與企業之間的訂單和支付透過網上來實現，它可能和這個企業的供應商，以及到下游的代理商之間的運作都一體化的來實現。到後面的話，可能和供應商也都一體化的來建設。因爲，這種電子商務所提供的手段，使其對於企業各個環節的運作效率都會要求得更高，而不僅僅是商務運作這樣的手段，就好像是原來的河水比較深，下面的一些暗礁或者是冰山不容易被看見，那麼當技術手段提高了，這個河水落下來了以後，又有更多的暗礁和冰山出現，那麼你的企業就必須把這些問題解決好，才能夠使整體的運作效率得到更大的提高。也就是說，電子商務所提供的手段會改變我們對於商務、對於企業運作的一些傳統觀念，它是一種典型的技術手段，是帶動管理和經營方式變革的一個方法。

作爲中國資訊產業中的一員，聯想希望成爲電子商務在中國發展的重要推動者之一。聯想是有很多自己產品的企業，並主要透過代理分銷的方式來銷售產品，在全中國擁有兩千多家的代理合作夥伴。因此，如何在網際網路時代發揮聯想這些渠道的優勢，在更廣泛的範圍內建立一個聯繫各地的代理商及資訊彙集、分析、電子訂單、電子支付、電子決策等等各方面功能爲主體的互動式電子商務的平台，就顯得具有特別的意義。

只有透過對電子商務平台的支援，才可能實現虛擬的商務平台與實體的商務運作對接。電子商務本身就處在不斷的發展過程中，聯想電子商務系統搭建的過程也應驗了這一發展趨勢。從網上資訊的公告、瀏覽，到網上資訊的交換、收集與確認，再到基於網路平台體系的整體操作的運作，包括上下游廠商的運作，整合一體化運作，聯想是一步一步走過來的。

現在，大家都談到三代的電子商務，這和聯想發展的歷程是非常一致的。聯想從很早的時候就開始意識到，Internet的潮流給企業的運作帶來深刻的影響。因此，聯想從一九九八年開始，有計劃、有步驟的推動Internet的應用，也就是實施第一代的電子商務系統。

在一九九八年以前，聯想和其他的電子公司一樣，使用了傳統的合作夥伴和代理商聯繫的方式，也就是電話加上傳眞，後來聯想採取了一種像語音信箱這樣的方式來輔助。當時如果說聯想的產品價格要調整了，那麼，要通知當地的代理商，可以說是一個很大的系統工程。首先，將價格變動的通知發給北京的各個部門，然後，再通知各大區。然後，再由各大區通知下面的業務代表，業務代表再通知他們的代理商，一級一級的往下傳。這樣，有一些代理商早已知道聯想的消息，而有一些人可能要等到客戶看到了聯想的廣告、宣傳以後，反過來問代理商，代理商才來問聯想，弄得非常被動。

所以，爲了解決這樣的問題，聯想很早就啓動了這種瀏覽器式的電子商務系統，也就是進入透過網上發佈資訊的階段。經過了前期的調研和準備的工作，從一九九八年初，聯想開始了網上資訊靜態發佈的階段，它的特點就是資訊的發佈不是時時的，而是單向的資訊，也就是聯想的合作夥伴只能上網查詢資訊，而不能有資訊的交換。

現在看來，這個系統非常簡陋，頂多相當於電子公告牌的性質，但它保證了聯想的代理商可以時時瞭解聯想最新的動態，只要他上網就能瞭解聯想產品的資訊、市場的政策、商務的規定、供貨的資訊等等。這總比原來要通過電話來詢問這樣的方式要好一些。這對於聯想渠道建設穩步發展起了很好的作用。聯想透過近一年的時間，其實是逐步地培養了聯想這些代理夥伴的Internet意識。

可以說，柳傳志是用一個漸進的方式來推進電子商務。比如說，聯想在一開始使用傳統語音信箱的同時，透過大量的宣傳和動員，引導聯想的代理夥伴上網去查詢資訊。

其次就是爲了降低代理商的費用，聯想每天把重要的資訊編輯以後，通過E-mail上網發給代理商。

第三步，就是逐步有計劃的關閉像語音信箱等一系列東西，代理商只有一條路，就是上網去查詢，來做好這樣一些準備。

柳傳志非常高興地看到，有很多代理商從最初不習慣去上網，不習慣使用這套系統，到後來幫聯想挑毛病，指出這個資訊仍不夠，希望互動式等等，從此促使聯想積極地加快去推動第二代電子商務系統的產生。

經過一年多的準備，聯想在一九九九年的六月底開通了第二代，可以說也是眞正意義上的電子商務系統，它的特點就是可以實現網上交易，與第一代電子商務的最大區別就是，它可以實現動態的發佈和雙向的資訊。

雙向的資訊不只是指代理夥伴可以在網上時時看到資訊，也可以透過網路來下單。而且，沒有時間的限制，訂單可以直接進入到聯想的訂單分配程式，自動給訂單確定供貨的時間等等。大量的訂單從網上傳遞也大幅度的減少了訂單錯誤的機會，而透過電話和傳眞的錯誤很多，當編號和產品的名字不一致的時候，你也許並不知道，如果你取其中之一的話，很可能是反向的意思。但是，透過網上下單就有唯一性，你只要選定一個編號，後面的產品就自動出來了，從而減少了交易雙方的時間，提高了資訊傳遞的效率，這就是雙向資訊。

動態發佈是指這個網站與聯想內部的處理系統的關係，聯想一開始是一個MRP的系統，後來，聯想切換到ERP的系統，從而實現了代理夥伴可以透過網路來查詢，並時時刷新各種資訊，也可以對每一個訂單進行跟蹤。比如，他可以看到每一個訂單的供貨時間、發貨倉庫，因爲聯想有好幾個工廠及倉庫，從哪個地方發貨物，還有貨物在途中的情況，是通過公路還是鐵路發出的，他的貨單、號碼等等，也可以透過網站查詢他在聯想這兒的信用和資金的情況。

這個電子商務系統運行半年多以來，爲代理夥伴與聯想之間的合作創造了更好的環境，及時提供了大幅的資訊，這些資訊讓聯想大量的提高資金和庫存的計劃性和周轉的速度。同時，也給聯想的代理夥伴滿足客戶的需求奠定了基礎。聯想的運作方式對於電子商務有非常強的依賴性。

在開發ERP系統的同時，聯想還得重新再開發一套與之相匹配的更加先進的電子商務系統。當然，聯想這一代的電子商務系統也有許多亟待改進的地方。比如說，網上的支付尚未實現，當然，這需要銀行方面的配合。而網上訂單的法律問題，網路頻寬等等問題，則需要社會各方面的努力才能夠改進。這些都是在不斷的改進過程中，比如說像網路頻寬的問題，最近聯想覺得已經有很大的改進，聯想的代理商已經反映上網的速度大大地提高了，這是一個效率的問題。

但是，除了這些問題以外，要讓電子商務發揮其更大的威力，聯想就不能夠滿足於僅僅是一個訂單的環節，訂單的確認環節實現電子化，那麼高效率的供應鏈管理可能要考慮到企業運營的確認各個環節，包括聯想必須要瞭解代理商內部的運作狀況，比如說產品的庫存情況，銷售的進度，資金的狀況等等，而不僅僅是聯想自己的庫存情況、出貨情況、代理商的信譽情況，這些東西都要往前推進到代理商的層次上。只有這樣，聯想才能在更大的範圍內來進行資源的合理分配。其實供應鏈向後逐漸還要延伸到聯想供應商的零部件的層次上，以及他們的庫存情況。當然這種瞭解都是雙向的，他可能也需要瞭解聯想的庫存情況，以及銷售情況等等。

因此，聯想下一步的目標就是構築全新的第三代電子商務系統。它的核心特點就是不僅將自己的運作納入電子商務，而且，還要把代理夥伴和供應商的內部運作納入到電子商務的範疇。實際上，也就是將聯想與代理夥伴的運作資訊系統通過INTERNET來實現對接，這樣聯想隨時可以瞭解他的銷售和庫存情況，而這個代理商也可以來瞭解聯想的供貨和庫存情況。

如果做成這件事情，就不僅僅對於優化聯想的供應鏈有重要意義，而且把聯想上下游的合作夥伴、代理夥伴，甚至是包括客戶在內這樣一個大聯想的範圍構成，從而達成了資訊資源的共用，使資源得到更加合理的調配。從而使得服務客戶的滿意度得到不斷的提高，也使得企業的物流、資金的運作效率得到提高，縮短供應鏈的運作週期，從而最終降低交易的成本，提高企業的盈利能力。這就是聯想正在進行的第三代電子商務系統。

柳傳志不僅僅倡導INTERNET，並且不斷地去實現電子商務，而且，希望能相應的推動合作夥伴來實現電子商務，從而對中國電子商務的發展做出應有的貢獻。其實聯想發展的策略是推動電子商務先從自身開始，然後推廣到聯想的合作夥伴。最後，把聯想的模式和方案運用到其他的企業和領域裡面去。

網路時代的營銷體系

誰率先應用了人類的科技成果，並使之轉化爲發展的動力，誰就掌握了在產業競賽中取勝的籌碼。

進入網路時代以後，聯想過去構築成功的營銷體系顯然需要改變，問題是怎樣改變？柳傳志很快給出了答案：以網路爲核心構築營銷體系。進入新世紀以後，網際網路對國人來說已不陌生，因爲「上網」代表了時尚。但是，事情的成因總有一個過程，過程就是認識的轉變。無論網上交易、電子商務在國外如何如火如荼，但中國有中國的國情。

當瀛海威在白石橋豎起「Internet離中國人還有多遠」、「向北一千五百米」的路牌時，無人不驚歎這條口號創意的巧妙和蘊涵在這條口號後面的樂觀與豪情。但隨後的事實卻證明了要把中國老百姓引向Internet單靠瀛海威這一家是不行的。

近二十年來，聯想一直以電腦爲產品主導，從平台電腦到應用電腦，再到功能電腦，爲中國的電腦普及作出了應有的貢獻。然而，進入九〇年代，世界突然變了個樣。不管是做軟體的，還是做硬體的，全都不那麼安分守己了，統統開始轉向網路。甚至有人打比喻說，二十一世紀的網際網路之於資訊時代，就如同二十世紀的矽谷之於半導體時代。誰無視這個變化，誰就會被歷史的洪流所淘汰。

然而，這麼一個蓬勃發展的網際網路產業，獲利最大的可能只是美國等少數發達國家的網路公司，因爲它們控制著全球網際網路產業的基礎——網際網路設備，同時這也是網際網路產業中利潤最高的部分。一個值得思考的現象是美國思科系統公司（CISCO），這家全球最大的網路設備供應商由於得益於網際網路的飛速發展，目前已成爲矽谷最有價值公司，超過了微軟。而這是在短短幾年內發生的事情。

十年前，思科只是美國矽谷中一家名不見經傳的小公司。當中國的網際網路公司正在熱衷於爭奪網路接入服務和網路資訊服務等網路末端產品/服務的時候，思科、3COM、IBM、HP等全球網路設備路由器、集線器、交換機、伺服器等產品的主要供應商卻在竭力宣傳爲中國提供全面的網路解決方案。從朗訊的網路佈線產品開始，到思科的路由器、集線器，再到IBM和HP的伺服器，這些產品技術含量高。市場變化快、價格昂貴因而利潤頗豐的網路設備，將隨著時間的推移而形成這樣一個產業怪圈：因爲技術上中國無法企及，所以價格上越來越昂貴。

在我們這樣一個大國，如果在網路時代所有的網路設備都由外國公司提供，那麼這就如同工業時代，我們所有的工業機器都由外國公司提供一樣，是不可想像的，也是十分危險的。但並不是所有的中國企業都不明白網路設備的重要性，並且能夠產生高額利潤的道理。

柳傳志早已明白並展開行動了。一九九七年，聯想成立網路事業部，爲進軍網路打探道路。一九九八年，舉辦「網路科技，聯想九八」大型活動，爲進軍網路製造聲勢。一九九九年七月，正式推出了包括網路卡、集線器、交換機、路由器、網路連接器等聯想網路全線產品，全面進軍網際網路設備領域。作爲聯想這樣一個企業，無論是從自身生存和發展的需要，還是站在民族產業發展的高度來看，都實實在在地感覺到一種強烈的危機，一種巨大的壓力。

構築以網路為核心的新世紀戰略

在這種情況下，聯想提出了一個前提和一個結論。這個前提是，誰率先應用了人類的科技成果，並使之轉化爲發展的動力，誰就掌握了在產業競賽中取勝的籌碼。在這個前提下得出的結論是，雖然中國在資訊科技的研究與開發上仍然落後很多，但這些只預示著聯想面臨的危機，並不代表聯想就沒有機會。聯想目前所要追求的目標是與世界同步，這是聯想在本次產業調整中能躍升一個階梯的唯一途徑。於是，聯想提出了自己的網際網路戰略——以網路爲核心構築自己的產品和業務。

一九九九年六月十六日，聯想在西安宣佈它要改行了，聯想集團將由電腦功能整合商轉變爲網際網路全面產品及服務的提供商。雖然那一次的發佈會沒有具體的新產品推出，但相關產品的時間表已經確定，最關鍵的是，聯想搶先在中國樹立了「INTERNET廠商」的形象！在聯想的INTERNET戰略中，除了產品的架構圍繞Internet展開之外，還在自己的渠道策略中加強了電子商務的作用，同代理實現電子商務的運作模式。

聯想把網際網路的影響歸納爲家庭、企業、社會三個方面：家庭上網，可以教育、娛樂、購物、交流；企業上網，可以在網上辦公、貿易、做產品和企業的宣傳、爲用戶提供網上服務；社會上網可以實現網上政府、網上學校、網上銀行、網上圖書館等等憧憬。

柳傳志從這三個領域進入來實現自己的網際網路戰略，在網際網路接入產品、局端產品和資訊服務三個層面上構築企業的市場架構。如果把接入產品比作電視機的話，局端產品就是電視發射台，資訊服務則是電視節目。

在接入產品中，包含基於家庭用戶的「書房電腦」和「起居室電腦」；基於商業用戶的「辦公電腦」和「移動電腦」。所謂「書房電腦」就是現在所說的家用電腦，而「起居室電腦」則類似於資訊家電。局端產品爲網路服務器，如主頁伺服器、郵件伺服器、代理伺服器等。資訊服務則包含網站和網校。

在聯想看來，書房電腦作爲網際網路功能電腦，相當於家庭資訊中心，它可以提供基於網際網路的家庭辦公、教育、娛樂、百科等功能，互動性更強，時效性更高，它能實現自動上網(無需設置)；具備高速接入網際網路的能力；可以提供全面的網際網路資訊；資訊查詢快速索引。一台PC就是一個入口站。聯想把這種網際網路電腦叫作「世紀電腦」。

「起居室電腦」是聯想專爲普通用戶設計的資訊家電，它是一種「準電腦」。在功能上它將包容PC的一些最基本功能，如上網、文字處理、家政管理、簡單的娛樂學習功能等等，價格在三千元以下。該電腦在設計上融合了許多家電的設計風格，如無障礙操作、超穩定性能等。

「辦公電腦」可分為商用功能電腦和行業應用電腦兩類。商用功能電腦可做文字處理、上網、收發電子郵件等，適用於通用的場合；行業應用電腦則是針對特定行業設計的行業專用電腦。辦公電腦能夠方便地組建Internet和靈活地接入Internet，在設計上注重網路資料的安全和病毒的防護。

「移動電腦」，現有聯想昭陽筆記本電腦和聯想天璣掌上電腦。它們有兩個特點：輕薄化和移動上網。在局端產品方面，聯想將開發針對網際網路應用模式的專用伺服器，如針對ISP市場的主頁伺服器、郵件伺服器、伺服器機群系統等。此外，還將提供為使政府、企業等部門主頁免受駭客攻擊的安全主頁伺服器解決方案，以及針對Internet對伺服器性能的特殊要求，對伺服器產品進行性能優化等。

在資訊服務領域，柳傳志推出了三個應用網站：一是家庭資訊服務的站點「幸福之家」，二是企業用戶的商業資訊服務站點「我的辦公室」，三是中學生的教育資訊服務站點「聯想網校」。如果說昨天的聯想專長是賣機器，今天的專長則是賣資訊。因為製造業正經歷著由桌上型到筆記本電腦再到無線接入設備的演變，將核心技術快速應用到產品中，使其擁有良好的性價比，迅速對市場需求作出反應，以滿足用戶的實用需求。

一九九九年底，聯想發佈網際網路電腦新「天禧」面世時，用了一個非常形象的比喻來形容自身的轉型：原先聯想賣PC、筆記本電腦之類就像賣電視機；隨著網路業的興起，新的商業機會如做系統應用方案則就像是做電視台；而資訊內容的服務就是做一個電視頻道。賣機器是聯想傳統業務中的專長，雖然製造業正經歷著由桌上型到筆記本電腦再到無線接入設備的演變，但無非都是把核心技術快速應用到產品中，使其擁有良好的性價比，迅速對市場需求作出反應，以滿足用戶的實用需求。

網際網路——聯想的商業新契機

但是轉入「做電視台」時，聯想就不是那麼熟知這項業務了，而「做電視頻道」聯想更是從未涉足過。在自己不熟悉的領域爲什麼要大舉進軍，聯想解釋這樣做的原因也是身不由己——聯想必須這樣做，否則就會落伍。

作爲過去十多年來逐步建立起來的業務優勢，聯想電腦在中國占有四分之一的市場份額。但IT是變化如此之快的一個行業，昨天的老大並不等於依舊是明天的主宰者。一九九八年底，Internet嶄露頭角，聯想也在考慮這一新浪潮對自身將意味著什麼。當然，首先是PC會更加好賣，因爲它現在依然是最好的上網工具，同時未來的Internet將無所不在，未來的網路接入設備也必然是多種多樣：無線、有線、桌上型、手持、口袋裡，利用互聯網商機，使傳統業務再上一個臺階，這樣的做法在聯想電腦包含了兩個方面：一是要把PC做得越來越易於接入網路，二是以網際網路爲銷售手段，使PC賣得更好，包括把物流、採購、經銷商隊伍、傳真和電話訂單等搬到網上來。

另一方面，網際網路也提供了新的商業機會，越來越多的人們會在網路生存，網路公司織網，政府要上網，企業要上網。原先製造商只是提供ＰＣ這樣的產品，用戶拿回去如何使用廠商並不關心，而隨著網際網路的出現，關心應用自然提上了日程。對聯想來說，除了機器更好賣、提供應用方案成爲熱點之外，毫無疑問，另一個新的商業機會就是網上的資訊內容服務。

「賣電視機、建電視台、做電視頻道這三件事聯想都想做，哪件事聯想都不會輕言放棄。」聯想之所以敢這麼說的理由是，擁有它的傳統優勢所在——聯想對電腦用戶水平、使用習慣和市場需求的深刻瞭解，而且用戶今天的需求與明天上網後的需求有許多相互傳承之處，比如首先用戶是在熟悉使用ＰＣ後，才會在網上衝浪。

另一方面，聯想手中掌握著如此大的ＰＣ用戶資源，他們與明天生活在網上的用戶都必然是同一批人。經過了這樣的深思熟慮，聯想決定要做供應商、應用方案的整合商和資訊服務的運營商。聯想也承認這樣的做法使得「聯想給人有貪大求全的印象」，但是這是在仔細分析自身的資源之後，才決定這樣做的。

有了聯想的網路ＰＣ，用戶看什麼？如果把它直接引入到新浪那裡，聯想覺得虧得慌，這麼好的機會幹嘛拱手讓給別人；若什麼都不引，用戶上網後也不知道要幹什麼。思前想後，聯想決定自己要做網站。對於今天中國的普通網路用戶來說，網上衝浪不僅有些奢侈而且是一件非常痛苦的事情。支付一筆不菲的上網費且不說，上網速度之慢、網上內容和服務的匱乏就足以讓網友們知難而退，而複雜的連接方法讓一個沒有多少專業技術知識的普通用戶感到頭疼，聯想的辦法就是讓用戶一鍵上網，把FM365設置成預設値。

勾勒聯想網路藍圖

根據CNNIC的調查，一個好網站的標準就是要把網上最常用的功能加以充分發掘：首先是發電子郵件；其次是看新聞；聊天再次之；再往下就是健康、教育等等。聯想的出發點是將這些功能整合在一起，這樣用戶一上網就能用得上，於是，FM365誕生了。FM365的商業模式與其他綜合類網站並無大的區別——聚集最好的資訊內容和服務，包括免費電子郵件這樣的內容，在聚攏人氣的基礎上，再展開電子商務、網上廣告的嘗試。

針對很多人對FM365的批評，柳傳志的答覆是，從綜合網站、電子商務網站到關注行業間電子商務(所謂BtoB)網站，都是大夥被投資人牽著鼻子跑來跑去，如果聯想只做網站不做別的，也不會做綜合網站，因爲比起垂直網站，後者要花費的力氣少，思路和戰略會更加清晰，綜合網站難度大，而且眞正成氣候的只能就那麼幾家，但做網站在整個聯想的資訊服務中只是一個棋子。

在聯想勾畫的未來藍圖中，並非只有一個綜合網站的概念。從接入、綜合網站到將來發佈的垂直網站，是一種三位一體的結構。聯想把做網站看成是一種在傳統優勢業務上的延伸和擴展，外在的推動則是市場需求，聯想電腦的用戶都是上網用戶，如果拋開用戶，另起爐灶重做某一塊業務，恐怕不能算是聰明之舉。

在這樣的模式下面，聯想的盈利點就不在FM365，而在接入和垂直網站。實際上，垂直網站和綜合網站是一種相互依存的寄生關係，前者爲後者提供內容，而後者又爲前者提供視窗。對於新浪、搜狐、FM365這樣的綜合網站來說，任何一個專業領域的服務都做不過行家網站，這有點像蓋百貨大樓，可以收地皮費，但主要還是依靠賣東西來賺錢，這時誰擅長做某一行就讓人家來做。同樣FM365網站採取這樣一種策略性的合作，垂直業務上選幾個方向與別人合作，最後形成水平網站，形成相互呼應的格局。

從接入設備、應用方案到資訊服務，有人說聯想的做法不僅大而全，而且什麼都想要，比起AOL，多了些「貪婪和霸氣」，因爲AOL也不做應用方案整合。對於這樣的批評，柳傳志認爲自己這樣做只是基於兩點考慮：如何將傳統優勢轉化成新的優勢，並更好地滿足市場需求。今天中國用戶的網路應用水平普遍不高，時下的市場需求必然要求綜合性的一站式服務。

自FM365姍姍來遲之日起，許多人對聯想對於網際網路的感覺是否靈敏提出了質疑，因爲像新浪這樣的先行者能夠最大限度地受惠於網路商業中的馬太效應——隨著時間的推移，業務和用戶的增長將大大快於成本的增長。針對「聯想起步太晚」這樣的詬病，柳傳志並不同意，認爲網際網路商業在中國的發展還「剛剛起步」，FM365的誕生是「適逢其時」。

從創辦之初，FM365就把新浪作為自己的追趕目標，柳傳志不否認FM365與新浪、AOL等綜合網站走的路子都差不多：搭台唱戲，大都如此，唯一的不同是聯想會從客戶的需求做起，包括PC等接入設備。當然新浪的優勢是經驗豐富，網站現在做得比聯想好，但聯想的優勢則是龐大的PC用戶群；另外一個不容忽視的區別在於：在進入網際網路商業之前，聯想和新浪分屬於中國業績最好的硬體和軟體公司之列。沒有理由懷疑聯想全面進入網際網路的能力，也沒有理由對聯想在互聯網中走出一條獨有自己特色的道路而抱有懷疑態度，因為柳傳志善於根據自己的實力創造奇蹟。

從被動到主動，從單向到雙向

柳傳志希望利用聯想的影響力，然後，積極的配合更多的廠商以及政府部門共同來促進電子商務的發展，也就是聯想要做一些市場的工作去推動他們的發展。

綜觀柳傳志的電子商務策略，有以下四個特點：首先，是從被動到主動，其次是從單向到雙向，從資訊服務到交易服務，最後是從資訊分佈到資訊集中。目前，中國電子商務的發展已經從傳統的軟硬體全部由運營商自己建設，到目前已經開始實現社會化的分工。

具體一點來說，就是涉及到網路和平台硬體的基礎建設，未來可能主要以電信公司，還有產品供應商來負責，而關於電子商務的內容和服務則由不同的運營商自己負責。而涉及到銀行交易這個方面，會由專業的銀行來負責，而用戶的安全和身份的認證也會由專業的CI機構來負責。

所以，這種社會化的分工，爲聯想在電子商務的領域確實提供了更加廣闊的天地。在電子商務以及網際網路的應用領域，聯想希望自己不僅僅是身體力行的應用者，而且希望成爲其積極的推動者。聯想的推動行爲主要表現在三個方面。

首先，聯想將積極地總結自身在電子商務領域的成功經驗，並且根據中國企業的應用規律，來推出適應中國企業的電子商務運作模式和方案。

其次，柳傳志希望運用聯想的技術優勢和產品優勢，在電子商務的應用領域上和服務領域能夠不斷的推出適應的產品和方案。

第三，柳傳志希望利用聯想的影響力，積極配合各相關的廠商，以及各權威部門來共同促進電子商務在中國的發展。

從電子商務本身來說，目前像網上支付、貨物配送以及安全認證等仍然制約中國電子商務的發展。針對這些情況，聯想將總結自身在發展電子商務中的一些經驗，推出適用於中國企業、同時符合中國商務習慣的電子商務解決方案。對於中國大多數企業來說，現在在公司的網路環境搭建上，他們大概已經有了一定的意識和自身的技術實力，但利用電子商務來施展拳腳的經驗卻不一定豐富。

柳傳志願意讓這些企業來分享聯想在電子商務中總結出來的經驗，比如說，如何利用電子商務來提高合作夥伴參與操作的積極性，如何來實現電子商務的安全性，如何在現在的環境下實現網上交易的資金支付等等這樣一些認識，包括具體的做法。目前聯想自己的電子商務系統，就是採用了B to B的模式。聯想會在自己成功的基礎上去推廣這種模式，去幫助中國其他的企業發展電子商務。

除此之外，聯想在針對家庭客戶的網站FM365中，也建立了這種B to C的模式，也就是網路使用者可以透過FM365的服務，購買到聯想各種各樣的商品，包括聯想可以組織貨源的商品，這樣可以充分地發揮網際網路的渠道優勢，而且可以有效的利用聯想形成的代理渠道透過他們在實體上的貨物傳遞上面的優勢，幫助這些網路購物者能夠實現本地購買、本地提貨，或者是本地交貨等等方面的優勢。像這樣的一些模式，聯想都會自己總結了以後，再向中國其他業者去推廣。對於大部分處在應用領域的終端用戶來說，聯想也會有相關的方案，幫助他們實現電子商務在企業內部的應用。

柳傳志也希望利用聯想技術產品方面的優勢，來推動電子商務的發展。在電子商務的服務形式上，聯想把客戶分成三個部分，也就是以建設基礎設備爲主的電信業和ＩＳＰ，這是第一個服務的對象。第二個服務的對象，是以提供資訊服務業爲主的ＩＣＰ。第三個對象就是廣大的最終用戶了。對於基礎設備的廠商來講，隨著網際網路的普及，很多新的業務機會開始湧現。比如說，可以虛擬作網路農場，大家知道傳統的農場是提供土地的空間，讓人們可以在那裡種植和收穫，而網路農場可以提供空間，用戶可以在上面去傳遞資訊，進行網上電子商務。

對這一領域的用戶，柳傳志使聯想未來可能提供三層諮詢：

第一個層次，聯想可以提供各類高性能的伺服器，如郵件伺服器和代理伺服器等等。

第二個層次，可以對伺服器以及它所構成的這些資料中心和網路農場，通過Internet實現遠端的管理和維護，如果出了問題，聯想可以透過Internet在遠端進程維護和修復。

第三個層次，聯想可以通過NSI0000這樣的集群伺服器技術，能夠保證中心和農場輕而易舉的去擴建、擴充，這樣可以使得基礎設施的建設並不需要一步到位，而是隨著其業務量的增長去不斷地擴充，這樣就可以有效地避免投資的閒置。

對於第二大類的客戶，也就是以提供電子商務資訊和服務為主的ＩＣＰ或者剛才提到的ＩＣＳＰ來說，聯想一方面要推廣自己的電子商務模式，幫助他們建立一整套的系統。除此以外，聯想還要幫助他們設立整個的需求來提供更好的產品。聯想覺得這一類的客戶，他們的需求主要可能來自兩個：一個是因爲頻寬有限，要提高頻寬的利用率，在同樣頻寬的情況下，怎麼樣增加它的客戶，貯存到它的網路上面，或者是它所提供的這些資訊服務的時間，縮短這個時間，使同一時間內能夠提供更多的服務。

另一方面，怎麼樣保持服務性良好，避免因爲這些設備的損壞影響它的交易，影響它的服務質量。同時，使系統的設備具有良好的可伸縮性。針對這樣的用戶，聯想也會有相應的產品。比如，聯想推出的IX式樣伺服器，會使用戶上網的時候，可以利用前次用的資訊，可以防止眾多的用戶在有限的時間內頻寬堵塞。

聯想也可以利用新的系統來保證系統持續穩定的工作，保證用戶對伺服器網路的服務能力，來滿足這些資訊服務商對大的用戶受訪量的要求。這是第二類的廠商。同時，聯想不僅僅爲這些相關的廠商提供電子平台，而且，對最終的用戶也有一系列的解決方案。比如上網的設備，像FM365可以進行網上教育、網上購物、網上炒股，可以有一系列的ＩＣＰ或者是ＩＣＳＰ的服務。

聯想怎麼去推動這一切呢？柳傳志希望利用聯想的影響力，然後，積極的配合更多的廠商以及政府部門共同來促進電子商務的發展，也就是聯想要做一些市場的工作去推動他們的發展。很顯然，推動電子商務在中國的發展，不會是任何一家企業的事情，聯想會積極地與國內外的企業，同周邊廠商一起來進行合作，來共同開發電子商務在中國的發展。

在推動電子商務發展的基礎上，柳傳志也希望加強與國家政府部門的合作，來大力支持國家的政府上網工程，比如，企業上網的工程、家庭上網的工程，聯想推動這些工程其實最終也是推動電子商務向前發展，因爲如果沒有網路用戶，聯想的電子商務就無從談起。

新「貿、工、技」

中國網際網路市場的特點，是由於新技術對老百姓的門檻相對較高，限制了市場規模。

聯想的「貿、工、技」世人皆知，到了網際網路時代，聯想是否仍然堅持？答案是肯定的，只是聯想今天的貿、工、技，已不是過去的貿、工、技。新貿工技的「新」，是指網際網路。它的「新」，是相對於PC的「舊」而言。柳傳志使聯想從PC時代，走向網際網路時代。在此背景下，PC貿工技，變成了網際網路貿工技，這是一個新時代的開端。聯想領頭人柳傳志在一次接受香港媒體採訪時，稱中國網際網路行業爲「發展的最初階段」。一方面，是已經到來；另一方面，才只是個「最初」。唯其已經到來，以穩健著稱的聯想才決定轉型；唯其只是個「最初」，聯想要想清楚再全身心投入。

對於網際網路的發展，中國國內有兩種不同認識。一種觀點認爲，「最初級階段」意味著落後，爲避免落後挨打，要急起直追。急起直追的方式，是集中資源發展高精尖技術，如CPU晶片技術，認爲中國與美國面對網際網路站在同一起跑線上。另一種觀點認爲，「最初級階段」意味著中國沒有比較優勢去發展網路技術；需要「有所爲，有所不爲」；強調發展網際網路，會導致泡沫經濟。這兩種觀點聯想都不認同。這兩種觀點，都割裂了創新中技術與市場的關係。前一種觀點，脫離中國市場談技術，有滑離市場的危險；後一種觀點，脫離先進技術談市場，有貽誤發展的危險。

聯想表示，很多人認爲技術創新就是科研開發，產出新成果、新發明。其實不僅如此，體會技術創新的實質就是技術變成錢——錢再變成技術——技術再變成更多錢的過程。研發只是整個過程中的一個環節，任何一個環節出了毛病，企業必有損傷。

柳傳志認爲，在網際網路時代，聯想仍舊要走貿、工、技的老路，即由貿易漸進式地逼近技術，走市場導向的技術創新之路。聯想不泛泛談技術創新，而是強調產品技術創新。產品技術創新，相對於功能技術創新和核心技術創新而言，是指與市場結合最緊密的那一部分的技術創新。

創新戰略中，與「技術」相匹配的「市場」，是透過市場運籌實現的。所謂運籌就是指市場預測的準確性、技術開發的前瞻性、銷售渠道的通暢性、採購時機和數量的準確性以及庫存結構的合理性等涉及物流控制方面的能力。談判的標準是，做每一件事都要折射到、都要映射到增加價值和降低成本上。如果某一件事情折射不過去，這件事就不要去做，就沒有意義。

柳傳志認爲，中國網際網路市場的特點，是由於新技術對老百姓的門檻相對較高，限制了市場規模。因此，要按貿工技的思路，根據老百姓能接受什麼樣的技術，來選擇技術、改造技術。而不是反過來，先選擇先進技術，再拔高老百姓。所謂針對消費者的「網路貿工技」，貿，就是讓市場接受，讓不懂網路技術的老百姓接受；工，就是提供一系列傻瓜化的上網設備、上網軟體、上網服務；技，就是選擇中國適用的網路產品技術，再慢慢向網路核心技術過渡。比如，聯想軟體打出了「新世紀、新生活、新消費」的活動主題，將資訊化技術與百姓日常生活結合，以通俗易懂的形式讓消費者瞭解軟體對生活的價值和意義，引導資訊消費。

過去有人認爲，聯想貿工技的「貿」，只是產品交易意義上的貿。因此，聯想代表的是資訊交易時代，而非知識經濟時代。現在看來，貿工技是知識創新的另一條途徑，是市場漸進技術式的創新，而非只要市場，不要技術。以聯想推出的針對家庭用戶的「幸福Linux」爲例。一方面，不能說聯想的追求不高，它甚至在作業系統方面都有「野心」。另一方面，聯想搞Linux是從家庭版入手，把文章做在滿足市場與客戶的要求上。這和別人的純研發版的Linux形成了對照。

中國發展網際網路，不在於要技術或者不要技術，而在於要什麼樣的技術。聯想的正確做法是：處理好最初級階段中網際網路技術與市場的關係。不因自己落後而不爲，也不因別人領先而冒進。處理好了，既賺了錢，又發展了技術。這對於「賺錢」與「技術」不可兼得論，是一個來自實踐的校正。以廣域的Commerce市場爲導向，以內部的Business重組爲基礎，以E爲技術手段，這就是聯想戰略意義上的網際網路貿工技。

網際網路本身就是貿，因爲它代表一種先進的市場渠道方式，具有節省交易費用的優點。在PC時代談「貿」，聯想注重的是生產費用這一塊；在網際網路時代談「貿」，聯想發現，網際網路本身就是降低交易費用的手段。這就是不同之處、發展之處。

柳傳志據此提出一個想法，把過去注重內部流程重組的企業改造，放到網際網路這個大背景、大市場中，並以網際網路作爲市場導向，將企業引向低成本擴張的路子上來。企業資訊化是基礎，這是工，是Business；沒有Business，Commerce就沒有基礎。但反過來，光有Business，不利用網際網路這個渠道，不以網際網路這個市場爲導向，流通領域的交易費用節省的這塊利益就拿不到。這是貿，是Commerce。

企業內聯網，終將走向外聯網，直至消除界限成爲一體的網際網路。靠的就是這種從Business向Commerce的延伸，或Commerce向Business的滲透。在網際網路技術這個E，只是企業市場化的手段，要以市場爲導向，而不能把技術本身當導向。在這方面，聯想預言會有兩個趨勢，一是會出現一些公共平台，爲所有Business提供Commerce服務；一是各企業自己延伸和擴展Business鏈條，彼此交彙，形成基於網際網路的市場。不管怎樣，企業的流程改革，都要以網際網路這個市場爲導向。

其實，網際網路是生產方式，而非只是技術。有沒有網際網路技術這個形式，並不是最重要的。從歷史上看，柳傳志使聯想與供應商建立起穩定的戰略性夥伴關係，追求的是一種體制上的成本降低效應。一九九四年，聯想改變多頭管理，集中研發、生產、銷售；一九九五年，公司加強整個物流程序控制；一九九六年，聯想協調前端市場和後端銷售；一九九八年，形成成本運作。這一切的結構調整都是爲了使聯想更好、更快地回應市場。

第十一章 開拓全球化疆域

如果已有一定規模的工業企業不能躍入全球範圍，那麼它將失去其領先地位。

——雀巢主席：赫爾穆特・毛赫

海外計畫「三部曲」

柳傳志希望聯想成爲一個世界性的企業，所以必須儘快進入到一個更廣闊的生存空間裡。

聯想的海外戰略沒有選擇從電腦整機這樣的主戰場與發達國家競爭對手正面交鋒，而是選擇了配套製造業這樣的輔戰場來進行迂迴。此選擇取決於聯想的實力。

柳傳志的創新策略中，很多做法當時並不被人理解，但是以後的事實說明它是正確的。一九九〇年是聯想電腦在中國大陸問世的第一年，爲了確保聯想電腦的整體性能優異，在技術方面，聯想自己獨自設計圖紙和主機板，其餘諸如顯示器、鍵盤、機殼等等全部採用進口產品，聯想人把自己的這種做法叫作「站在巨人肩膀上起飛」。但那時候，有一種觀點占主導地位，就是片面強調國產化率。似乎國產化率太低，哪怕品牌是自己的也不是好事情。

爲什麼在一九八八年聯想進入國際市場的著眼點是電腦板卡的製造業呢？

首先是因爲全球電腦市場已進入一個高速增長的時期。一九九四年全球電腦市場營業額在三千億美元以上，中國僅占其中一％左右。柳傳志希望聯想成爲一個世界性的企業，所以必須儘快進入到一個更廣闊的生存空間裡。

其次則是由於資訊產業在全球呈現爆炸性增長，高科技產品更新和價格下降極快，生產成本對價格影響很大。八〇年代全球電腦製造業多集中在亞洲四小龍，其中又以台灣地區最爲集中。隨著四小龍的快速增長，勞動力成本和其他成本因素上漲，電腦製造業勢必開始進行第二次轉移，而大轉移的方向是發展中國家，主要是中國。因此客觀上爲聯想集團提供了機會。

最後加上中國經濟的高速發展，大陸電腦市場也隨之高速成長，國外一流電腦廠商進入中國指日可待。與可能遇到的競爭對手相比較，聯想畢竟還是在一個競爭質量不高的市場環境中成長起來的企業，並且是在市場結構單一的中國大陸。因此，巨大的市場機會與即將面臨的激烈競爭，形成了聯想戰略設計的條件。

那麼，柳傳志的海外計畫爲何不從整機電腦入手呢？這個問題與柳傳志爲何一開始不在美國辦公司是一樣的道理。柳傳志屬於那種有一點不搞透就絕不動手的人，尤其在戰略方面。他認識到必須承認自己的落後，必須看到別人的強大。與電腦整機相比，板卡製造的利潤確實很薄，薄到幾十億營業額的規模也只能有百分之一點幾的純利潤。但柳傳志使聯想集團一九八八年從海外開始的板卡製造業在戰略上對企業的發展居功至偉，事實上它起了「一手托兩頭」的作用。一頭是以板卡叩開國際市場大門，贏得在一個廣泛空間發展的機會；另一頭是由於生產製造掌握在自己手裡。當一九九四年中國電腦市場拼殺異常激烈以後，聯想電腦依然能夠以很強的性能價格及優勢與世界一流廠商角逐。

瞎子背瘸子

柳傳志從不輕易做出不符合自己實際的決策，他時時刻刻都清楚自己能做什麼、什麼不能做。

中國許多企業衰落，往往不是因爲產品不好，而是因爲企業領導人素質不高，好大喜功，而產生決策失誤甚至不顧自己的實力，盲目蠻幹造成的，許多企業正是做大了才失敗的，柳傳志從不輕易做出不符合自己實際的決策，他時時刻刻都清楚自己能做什麼、什麼不能做，進軍海外尋求合作時也是極爲穩健，以很小的代價獲取極大的收益，這就是「瞎子背瘸子」的策略。

聯想在一九八八年進軍海外市場時，條件並不完全成熟，他們對國際電腦市場是怎麼回事一無所知，就好比一個身強力壯的瞎子。而柳傳志找到的合作夥伴——與聯想合資的香港導遠電腦公司，其負責人爲幾位畢業於英國倫敦帝國大學理工學院的年輕港商，他們的資金與技術實力不夠，但對國際市場的競爭規律一清二楚，就好比一個心明眼亮的瘸子。

所謂「瞎子背瘸子」，即優勢互補之意。香港聯想公司由三家合資建立，她之所以成功，就因爲是三家優勢互補。其中香港導遠公司熟悉當地和歐美市場，有長期海外貿易的經驗；另一家中國技術轉讓公司能提供可靠的法律保證和堅實的貸款來源。「瞎子背瘸子」策略中，計算所公司的優勢就在於技術和人才實力，在香港來說是無與倫比的。在海內海外產業結構上，也運用「瞎子背瘸子」的互補原理。香港是國際貿易視窗、資訊靈敏、渠道暢通，適合於搞開發和貿易，而生產基地則需建在中國，因香港地皮、勞力昂貴。同時，香港移民傾向嚴重，缺少高技術人才。

基於這些情況，柳傳志決定派一批高技術人員去香港成立研究開發中心，而把生產基地主要放在中國。「瞎子背瘸子」策略把公司本部作爲大本營，作爲向海外進軍的基地，海內外公司統一指揮，人員、資金統一調配。海內外企業互爲依託，連成一體，形成競爭力、抗風險力很強的企業陣容。

國際化目標

柳傳志說：「聯想的戰略重點是中國市場，優勢在於中國人最熟悉中國市場。」

柳傳志的目標是，十年後，聯想近三分之一的收入來自於國際市場。楊元慶在接掌聯想帥印的同時，也接下了柳傳志進軍海外的誓言。楊元慶給它加了個期限——十年。「十年內，聯想要成爲全球領先的高科技公司，進入世界五〇〇強」。柳傳志說，到二〇一〇年，五〇〇強的門檻是二百億美元（按年均增長率六%計），而二〇〇一財年，聯想的營業額是二百六十億人民幣，之間幾十倍的差距使聯想必須要保持年增長二十五％以上。

柳傳志說：「中國入關之後，國內電腦企業將面臨一定壓力，但中國電腦產業最艱難的時期已經度過，在你死我活的競爭中不僅頑強地站穩了陣腳，而且在反攻中頻頻取勝。」眾所周知，九〇年代初，國際電腦巨頭對中國市場發起強大攻勢，不成熟的中國電腦產業受到致命威脅。聯想集團直到一九九四年才喘過氣來，並發起反攻，一九九六年開始收復失地，時至一九九八年，佔據了中國市場十五％的份額，躍居第一。

柳傳志表示：「現在的市場環境與當年大不相同，過去我們明顯處於劣勢，如今我們與國際電腦巨頭處於相同的市場條件，像ＨＰ、ＩＢＭ等大公司已在中國設廠，他們雖然有資金和技術的優勢，但我們更熟悉中國市場，並有更好的銷售和服務網路。在入關之後的新一輪爭奪中，我們沒有理由甘拜下風。」

據柳傳志透露，聯想集團以往的成功法寶是在電腦應用層面上展開競爭，不求最尖端，力求「中國最適用」，不斷追求產品的差異性，生產中國人用的中國電腦。

柳傳志清楚地指出，雖然聯想電腦保持著市場份額第一的強勢，別人按常規方式不易超過，但高科技產業最大的特點是日新月異，如果聯想不能保持持久的創新能力，市場還是會被奪走的。

聯想今後發展戰略已很明確，在資訊產業領域向多元化拓展，形成幾套適合中國的自製產品系列，如果某一產品滯銷，其他產品相互支撐。同時，堅持貿工技發展道路，繼續代理國外產品業務，透過貿易掌握國際瞬息萬變的行情，使聯想自製產品和應用研究跟緊國際潮流。

柳傳志說：「我們提出國際與國內市場同時發展，但首先是站穩中國市場。中國市場足夠大，我們又擁有中國的最大銷售網路，這就能同掌握核心技術的Intel、微軟等超級巨頭結成戰略聯盟，以資源換資源。」

從全球市場規模看，聯想尚不能與HP、IBM等電腦巨頭相比，但從區域市場看，卻有自己的優勢。儘管國際電腦巨頭每年的銷售規模在幾百萬台，但在中國市場上只有一、二十萬台的銷量，不如聯想。柳傳志說：「聯想的戰略重點是中國市場，優勢在於中國人最熟悉中國市場。」

聯合做餅

聯想當然知道核心技術在國際競爭中的重要性，因此，聯想也已經準備要以「驚人數字」的資金投入核心技術研究開發上。

柳傳志「舉雙手歡迎」中國加入世界貿易組織，開放市場，讓外國企業進入中國一起競爭。柳傳志解釋說，中國現在首先須「把餅做大」，因此，開放市場對中國有利。「外國企業告訴我們做餅的技術，我們學到了這些方法、手段之後，大家可以聯合做餅。」他說：「如果不是當年外國企業進入中國，中國電腦行業就沒有今天的發展。外國企業進入中國，實際上幫助中國把餅做大了。」

以全國人大代表的身分參加九屆人大四次會議的柳傳志接受《聯合早報》專訪時，聯想是中國電腦行業的第一品牌，主要市場在中國國內，它去年的營業額超過三十億美元。柳傳志說，如果國際經濟情況沒有大的變化，預計今年聯想的營業額將超過四十億美元。此外他也不認爲中國電腦業在入世後將面臨生存危機，他也不擔心中國電腦業缺乏掌握「核心技術」而可能被外國品牌擊垮。

柳傳志把「技術」分爲兩大類，除了「核心技術」，還有「產品技術」，就是根據市場的需要，把成熟的技術整合、形成更符合消費者需求的產品。他認爲，在開發「產品技術」方面，中國企業比較具備優勢。例如，聯想推出了一種「網路網際電腦」，這種電腦不需要另裝軟體，也不需要到電信局去登記，按一個鍵就能撥號上網。這種符合中國消費者需要的電腦在中國銷量非常好。聯想還將推出「老人電腦」——沒有鍵盤，直接用觸摸的方式使用電腦，也可用筆寫的方式發電子郵件。這是符合「害怕」鍵盤的中國老人使用的電腦。此外，聯想還要推出「兒童電腦」、「中學生電腦」等系列產品。

柳傳志認爲，儘管聯想不具備電腦的「核心技術」，但在「產品技術」上卻下了很大的功夫，這樣就能在市場上始終保持企業的競爭優勢。他也說，中國的電腦廠商實際上已形成了一個「板塊」，聯想能做的事情，他們跟在後面馬上就能做，而聯想「也從其他廠商那裡學到不少東西」。

柳傳志表示，聯想當然知道核心技術在國際競爭中的重要性，因此，聯想也已經準備要以「驚人數字」的資金投入核心技術研究開發上，具體的數字將另行公佈。他指出，用「產品技術」維持企業的利潤增長將是短期的，估計兩三年內還可以。由於產品技術並不高深，別人很快就能仿製，要想保持企業的競爭優勢，最終還是必須發展自己的核心技術。

柳傳志樂觀地認爲，中國電腦業今後掌握核心技術的機會越來越多，比如軟體方面，Linux作業系統就提供了很多機會，而網路電腦時代還會帶來新的核心技術，再加上電腦功能類型越分越細，都會給中國新的機會。

第十二章

聯想未來路

唯有對未來作出精確判斷並有完善的發展遠景規劃，企業才能走好未來之路。

——微軟董事長：比爾蓋茲

爲打造航母而分拆

柳傳志精心挑選楊元慶、郭爲兩員大將，實施「接班」任務的思路來看，聯想電腦公司與神州數碼公司的分拆也在順理成章之中。

聯想的業務拆分是聯想發展的一個重要里程碑，有人把聯想現在的規模和國外企業相比說成是小炮艇對航母，這一點也不過分，不過柳傳志信心十足，在聯想的十八年歷史中有過三次大手術。第一次是在一九九三年，外國電腦巨頭在中國市場占絕對優勢，在國產品牌生死存亡之際，柳傳志大膽啓用楊元慶，組建龐大的電腦事業部力挽狂瀾。第二次是在一九九七年，香港聯想巨額虧損幾乎把整個集團拖入海底，柳傳志斷然決定將香港與總部合併，結果起死回生。

二〇〇〇年，柳傳志在評價神州數碼與聯想電腦分家時說：「前兩次重組都是危機關頭，九死一生。這次分拆重組是我第一次主動的戰略轉型。」分拆成功，神州數碼集團與聯想集團將是兩家各自獨立的企業，但雙方的控股公司爲同一家。聯想常務副總李勤與高級副總郭爲將擔任新的上市公司神州數碼的董事局主席和首席執行官；而原來聯想集團的董事局主席和首席執行官將由柳傳志和楊元慶擔任。

按照有關規則聯想集團(代號○九九二)的股東可以按持股比例三十三派三十三。分拆後的神州數碼(代號是○九九三)的股票，考慮到小股東的利益，聯想決定向不願持有神州數碼股份的股東提供現金選擇，聯想承諾，如果有股東選擇現金的方式，聯想將會花錢購買這些股票。將來神州數碼上市時可能會發行一定數量的新股，無論是老股東選擇現金，還是發新股集資，其價格都是一樣的。

柳傳志認爲神州數碼分拆上市有三點好處：其一有利於兩家公司更爲專注地按照自己的定位發展業務，更高效地進行戰略決策和戰略實施。尤其是在安排融資計畫方面，資本分拆有利於兩家公司明確自身的方向，便於業務拓展。其二是更利於激勵兩個管理團隊的積極性，吸引不同類型的人才。資本分拆後，員工手中的股票與本公司的業績直接掛勾，可以激發員工的責任心。其三是有利於更透明、更直接地顯示兩家公司的業務性質和風險因素，爲不同的投資者提供不同的投資選擇。

但是在香港發佈的公告中，公司闡述的好處還有兩點：第一是聯想、神州數碼兩個集團可以按照彼此的各自需要實行融資以及業務發展計畫，其中包括收購合併以及合營；第二是分拆上市後，神州數碼可以建立自己的股東基礎，作爲獨立的經營實體，將有利於進入資本市場，以及按照個別資本的需求進行集資。

柳傳志認爲，分拆是聯想互聯網戰略推進過程中的又一次重大戰役。聯想網際網路戰略調整實施以來，公司的整體營運情況遠遠超出投資人當初的預期，這充分說明了聯想網際網路戰略的大方向是正確的、成功的。

另外，根據柳傳志的說法，聯想早在一九九八年底就萌發將公司分拆的想法。而自一九九九年開始，分拆的行動就付諸實施。事實上，許多人都已經從不同的渠道得知柳傳志的願望——把聯想做成「百年老店」，而這就必須要有優秀的接班人來完成這一艱巨的任務。在發佈會上，楊元慶、郭爲兩人均表示，這對他們意味著舞台更寬廣，壓力也更巨大。

分拆之後，神州數碼集團的業務被描述爲在中國從事分銷外國品牌資訊產品、提供系統整合服務以及開發和分銷網路產品，而聯想集團將繼續從事聯想品牌電腦及網際網路接人設備的製造和銷售，提供網際網路服務，向中小型企業提供資訊科技服務、製造以及銷售軟體和硬體元件等工作。這與一直以來的公司安排並沒有什麼太大出入。

在發佈會上，楊元慶在回答今後兩家是否會競爭時說：「至少在兩三年內還不可能」。儘管柳傳志和李勤做了耐心的解釋，稱兩家公司乃至整個聯想都是按照預定的發展戰略來走的，但一些業內人士還是認爲他們今後將有可能在某些業務方面發生直接衝突。神州數碼的領軍人物郭爲曾說過：「五年內，神州數碼公司將成長爲與現在的聯想集團一樣規模的企業。我們已經完成了準備、助跑和起跳的過程，到二〇〇五年，人們將看到又一個聯想集團。」在聯想，郭爲是一個以擅長整合而著稱的人。一九九〇年，郭爲受命整合十三個分公司的業務。結果，十三個分公司統一到大的目標上，在這個過程中，業務一點都沒有掉。一九九四年，他南下大亞灣，整合聯想大亞灣工業園區，一年下來，將關係理得順順當當。

回北京後，成立聯想科技公司，整合三個主要事業部，這三個事業部年營業額都達上億元。現在，郭爲再次從一個更高也更具有挑戰性的平台起跳。「神州數碼的業務重點沒有大的變化，依然是要推動電子商務的發展，特別是加強對電子商務的基礎建設，包括企業網路建設、企業軟體建設等。」

但是在組織架構上，神州數碼確實進行了一些大的調整。原來的組織架構是下面有三家子公司——聯想科技(做國外產品的分銷)、聯想系統整合(做系統整合)、聯想網路(做有網路產品)。現在，「我們要從兩方面考慮，一是弱化子公司，以業務爲核心、以客戶爲導向，向事業部制轉移；二是加強總部的領導力量，加強總部的管理。」郭爲如此解釋。

事實上，這種架構調整從二〇〇〇年一分家就已經開始著手了。需要指出的是，未來一段時間內，神州數碼的主要收入來源，還將是在爲國外電腦品牌做代理以及系統整合上，其未來前景並不像人們想像的那樣樂觀，郭爲面臨的市場以及股市上的雙重壓力也絕不輕鬆。而他的努力將直接影響到柳傳志「一個聯想成長爲兩個聯想」願望的實現。

上市對於神州數碼來說至關重要。幾乎整個總裁層均長時間在程式繁多的預演中忙碌。郭爲更是將近一個月時間未在北京露面。二〇〇一年六月一日，神州數碼正式在香港聯交所掛牌上市。而柳傳志則說，「神州數碼計畫用五年時間，鍛造一個與聯想齊名的品牌。」做到這一點要與時間賽跑，而強大的資本後盾就是賽跑最有效的助力器。

二次創業

聯想要在網際網路的路上「堅定地、不猶豫地撤腿就跑」的決心看來已經是不可動搖。

聯想在二〇〇〇年就已取得了輝煌的成績，但柳傳志仍然不滿足於現狀，主動求變，借助自己的強大優勢，全面挺進網際網路這個全新的領域，這個重大的戰略轉移無疑等於是聯想的二次創業，目前已取得了一些實質性的進展，還是那句話：「前途光明，道路曲折」，在這個尖端領域，聯想人還得比第一次創業付出更多的努力。

二〇〇〇年十一月二十九日，聯想與北大附中合作成立北大附中遠端教育網，並協同全國三百所重點中學組建了校際聯盟，以期利用網際網路技術，實現優秀教育資源的共用。

北大附中遠端教育網的主要業務將包括三個方面，首先透過聚集優秀的教育資源，爲師生提供高質量的資訊服務，其次是與聯想等資訊產業廠商合作，透過捆綁式銷售，爲用戶提供更爲便利的產品，另外，爲教育類產品，如輔導資料等，提供定向的銷售服務平台。

二〇〇一年九月六日，在主題爲「電子化金融服務」的中國國際金融(銀行)技術暨設備展覽會上，柳傳志讓聯想集團打出了「致力於金融資訊化建設」的主題口號。聯想的展示區分爲金融解決方案區、精品展示區和聯盟夥伴區三大部分。

結合金融系統重點工程，聯想針對商業銀行工作實際推出了包括綜合應用系統、資金綜合管理及決策支援系統、聯想銀行卡系統等十二個具體銀行應用系統。其主要涵蓋的業務範圍包括：電子商務、新概念銀行、信息安全技術、銀行卡技術、支付清算系統、資訊服務系統、電子資料交換系統等銀行核心應用業務。聯想各系列商用產品——伺服器、商用桌上型電腦、筆記本電腦、防火牆、聯想外設，亦同時登臺亮相，意在更多擔綱金融業務應用。

值得一提的是，第一款擁有自主知識產權和二十多項專利的國產筆記本電腦——聯想昭陽S260也在展示會上初露芳容。長天、南天、中創、高偉達等金融業內領先的系統整合商作爲聯想的策略聯盟夥伴也同時參展。在聯想展示台上有以上各家之介紹；而在他們的展示台上也有聯想的產品。雙方期望能夠在各自擅長的領域上共同爲銀行客戶提供穩定可靠、性價比優異的產品及解決方案。這種多方面深層次合作的方式，將聯想開放性的平台產品與銀行實際應用適時結合，無疑加強了聯想IT產品及方案在金融領域內應用的深度和廣度。

在香港上市的聯想集團有限公司與在那斯達克上市的AOL時代華納集團的全資子公司AOL不久前宣布成立合資公司，攜手在中國市場發展消費者互動服務業務。聯想集團及AOL各占合資公司五十一％及四十九％的股權，雙方分別分階段投資約幾億美元，兩家公司在合資公司董事會代表的比例等同。

聯想集團已經在中國電腦市場中形成了優勢地位。正在走出國門，以自己的實力證明聯想集團會更加壯大發展。聯想控股與AOL已經達成協定，共投資二億美元來組建一家聯合公司。據國際資料公司表示，聯想已經支配了中國國內電腦市場的二十七%。與它最接近的競爭對手是ＩＢＭ，其中國國內電腦市場佔有率爲九%，當地的競爭對手方正集團市場佔有率爲七%，而戴爾電腦公司在中國市場的佔有率爲五%。

透過將ＡＯＬ的產品捆綁於聯想電腦上，兩家公司認爲，他們將很容易地獲得中國線民的支持。這樣，兩家公司緊密合作就可以在網際網路業務中勝過中國目前的三家大型入糯網站，網易、新浪和搜狐。現在，所有那些在那斯達克上市的入口網站公司都在面臨著嚴重的財政問題，並且很可能都願意與ＡＯＬ進行合作結成團隊。事實上，這次ＡＯＬ選擇聯想集團，以及與二流入口網站FM365進行合作，已經使得以上提到的三家私入口網站立即處於危險之中。另一方面，得到中國政府支持的聯想集團，看起來已經在從處於優勢地位的個人電腦市場上向其他領域發展的過程中，佔據了一個有利位置。

柳傳志使聯想集團與香港盈科拓展集團旗下的盈科數碼動力組成策略性聯盟。雙方合作的主要目標是加快寬頻網際網路鏈結服務在中國市場的發展步伐，以及促進盈科的寬頻網際網路服務NOW的推廣。合作內容包括三大主要部分：共同發展寬頻互聯網服務；製造、銷售聯想——NOW電腦以及透過NOW分享多媒體內容。這項合作協定將使兩個亞洲著名品牌實現優勢互補，共同開拓和發展中國龐大的潛在客戶市場。

根據此項協定，聯想將設計和製造新一代內置數據機的個人電腦，使用戶能夠高速連接互聯網。另外在電腦上設置專門按鍵，使用戶可直接聯繫NOW網路。電腦將以雙方聯合品牌命名，稱爲聯想——NOW個人電腦。盈動的NOW將與聯想——NOW電腦作捆綁式連接，並將被設定爲聯想——NOW電腦的第一入門網站。聯想入門網站www .fm365 .com也將爲NOW提供聯接。此外，聯想和盈動還將合作發展專門針對中國用戶而設的網際網路內容和寬頻網際網路服務。這兩家公司將以中國的三千家有線電視運營商爲目標，爲他們提供連接衛星、有線電視台和訂戶的網路管理技術。

聯想集團已經朝著網路和無線這兩個領域邁進。聯想集團宣佈與德國最大的電子產品公司西門子達成「策略協議」。兩家公司宣佈，他們計畫在中國上海開發首批基於二．五G通訊技術的行動手持設備。該產品原型於二〇〇一年第四季度推出。根據兩家公司達成的協議，西門子公司將提供GPRS線模組，並將此整合進聯想集團的Pocket PC以及其他手持設備。聯想集團對於實現二〇〇二年二月的三百七十萬台個人電腦以及三十萬台其他網路接入設備的銷售目標充滿了信心。

熟諳強強聯手、強勢出擊之道的聯想又出新招。由聯想發起，包括微軟、Intel、西門子、易利信等數家當家巨頭在內的「手持同盟」在聯想大廈宣佈成立。聯想此舉意在爲即將到來的無線網路時代布好棋局。

柳傳志使聯想集團與美國國家半導體公司在資訊電器方面的合作研究相當成功，雙方還就一項有關資訊電器的先進技術進行了「知識產權互換」。雙方知識產權互換的結果是：國家半導體公司在約定的條件下可免費使用聯想開發的10ad Bridge，同時聯想也可以免費使用國家半導體的一款嵌入式設備的Boad Bridge(BIOS)，它意味著聯想今後生產資訊電器類產品時，每個產品至少可節約一美元的軟體購買費。更重要的是，在這次知識產權互換之後，聯想提高了自己的技術形象，贏得了合作夥伴的進一步尊重與信任，雙方的合作眞正實現了互惠。二〇〇〇年秋天，美國拉斯維加斯的展示會上，按ＩＡ理念設計的聯想天樂電腦，同時擺在了聯想和美國國家半導體的展示台上。

聯想在香港成功上市，融資額巨大。同時，柳傳志也在各種場合明確表示了加大投資、進軍並且佔領中國網際網路市場的決心。但是，由於上市公司的任何與投資相關的行動都可能對其股價產生影響，所以柳傳志態度非常謹慎。聯想的FM365開通，鋪天蓋地的宣傳攻勢，很快讓這家入口網站打響了知名度，在CNNIC的評選中，FM365排在第十五位(9310分)。當然，FM365的目標絕不是現在這個位置，聯想公司花大本錢在北京的大街上樹起FM365這塊招牌，目的也絕不僅僅是推廣一家入口網站而已。

柳傳志把聯想未來的發展分爲兩大系列。按照他的設計，聯想今後將爲家庭和個人以及企業兩類客戶提供產品和服務。過去，聯想的角色主要是對企業和個人提供技術和產品。針對個人，提供聯想電腦及其L2網際網路接入設備；針對企業，提供聯想伺服器和網際網路解決方案。除了聯想自身業務的盈利，讓聯想財大氣粗的另一個理由是：在香港的上市，不僅讓聯想手中仍然握緊大筆資金，同時也增加了投資形式。由此可見，聯想要在網際網路的路上「堅定地、不猶豫地撒腿就跑」的決心看來已經是不可動搖。

勾劃新聯想

柳傳志：「我覺得必須要超越昨天，今天的聯想跟昨天的聯想已不一樣，對領導的要求也不一樣。」

柳傳志的目標是，到二〇〇三年，整個聯想集團的營業額將達到六百億。柳傳志坦承，以往聯想的核心競爭力，不在技術，而在管理和團隊。為了在將來繼續保持較高的增長率，聯想則需要培養技術和服務兩方面的競爭力。「在未來的一段時間內，聯想也希望自己的技術能夠成為一種產品。我們要從產品技術向部件和應用技術轉型，雖然現在暫時還做不到核心技術領域，但三年後一定要進入這個階段。」柳傳志說。

二〇〇〇年九月，為了這個戰略規劃，聯想總裁室部分成員專門赴美走訪了近二十家國際著名的ＩＴ企業。此次走訪對聯想的觸動非常之大。「聯想是一家愼重的公司。」柳傳志這樣形容：「對於那些暫時還看不清楚的業務方向，如果有兩條路可走，我們可能會兩條路都試一試；如果只有一條路可走，只要代價不是以整個公司為賭注，我們可能也會試一試；要是須以整個公司做賭注，除非我們有八十％的把握，否則堅決不做。」

不過從聯想此次的戰略轉型中可以看出，穩打穩紮的傳統已有被「高歌猛進」取代的趨勢。除大力投入技術研發費解決這個一直為人所詬病的環節之外，聯想把自己的眼光放到了國際市場，「再積累三年，要走出國門」，「以後公司二十%～三十%的收入都將來自國際市場。」之前聯想從未提出如此的戰略目標。聯想對外公佈的企業WEB網已經悄悄地去掉了·CN的尾碼，改成了國際功能變數名稱。

二〇〇一年三月八日，聯想在聯交所發佈的公告中寫到：聯想集團在中國之若干業務，分別是外國品牌資訊科技產品分銷業務、網路產品開發及分銷業務，及系統整合業務，將正式轉讓予神州數碼集團，也就是說神州數碼未來的業務主要包括以上三個部分。

但在新聯想集團(由原聯想電腦公司繼承)的結構圖中，卻看到了這樣一些部門：ＩＴ系統服務事業部、外部設備事業部、伺服器網路事業部等等。新聯想集團的人說，「我們不想三年以後，當人們提起聯想時想起的只是ＰＣ。」換句話說，聯想除了不做神州數碼最擅長的外國品牌分銷業務以外，其ＩＴ產品的領域將大大擴展，並沒有刻意避開與神州數碼重疊部分業務的意思。

柳傳志設計的新財年結構調整方案是：聯想針對家庭、個人、中小企業、大行業大客戶四類客戶群分別組建了消費ＩＴ、手持設備、資訊服務、企業ＩＴ、ＩＴ服務和部件／合同制造六大業務群組。在這六大業務群組當中，我們尤其注意到，聯想最新組建的無線通訊事業部(手機)、掌上設備事業部(PDA)、寬頻網路事業部和伺服器網路事業部，這代表著聯想新的拓展方向。而ＩＴ服務業務群組則定由原聯想電腦主管市場的俞兵統領，更預示著ＩＴ服務業務將是未來聯想重點要開闢的業務領域。

在各事業部的發展側重上，柳傳志表示，「我們將近期研發的重點定為數位家庭、資訊安全、高性能服器、無線移動通訊等。」一位企業戰略家分析：聯想過去賣的主要是經驗，是過去累積的東西，而未來要賣的，則是現在開始積累的東西。聯想正在為未來做出。

柳傳志說：「二〇〇三年的時候，聯想的銷售額將達到六百億；二〇〇五年～二〇一〇年期間進入世界五〇〇強。」他希望把聯想打造成一個高科技、服務型的國際化企業，一方面花大力氣、高投入地發展技術，推出創新的產品，另一方面，透過服務的方式讓產品和技術深入千家萬戶。柳傳志在描述聯想的未來時又顯得很謙虛，他說「相比國外的大企業，我們還處在學習階段」。

在國內，聯想同樣也有很多競爭對手，但他相信透過企業間的投資購併或者合作會把市場份額不斷擴大。他透露，在不久的將來，聯想可能就會在投資兼併上有新舉措公佈。

柳傳志說：「員工與企業融為一體」是聯想的企業文化精髓，而企業良好的分配和激勵機制同時也促進了這種感情的融合。最早從科學院裡爭取到了獨立的財政、人事和自主經營權，後來又有了分紅權，再後來又設立了職工持股會，實施了認股權證，從有形和無形意義上都讓員工和企業的發展緊緊連在一起。「很多員工股權上的收益甚至都超過了薪酬」。

柳傳志說：「對成功的詮釋每個人都不同」，他的理解是，任何一件事情，如果做到了，也就是成功；每一個人、每一天、每一階段都可以成功，這樣生活才天天充滿陽光和樂趣。他說，其實成功也是一個漸變的過程。如果把成功定位在賺到一百萬美元，那麼前九九萬美元的時候你都不會快樂，甚至達到最後的一萬時也不會快樂。柳傳志說：「不積跬步，無以至千里」，每一個人都可以成功，每一步現實目標的實現，也是成功。無疑，作爲聯想的新掌門，柳傳志是成功的。但從另一個方面講，這也是柳傳志聯想發展戰略的更大成功。

逐夢網際網路時代

FM365應被看成是聯想進軍網際網路的一支「先鋒部隊」，而「大部隊」還是聯想的網際網路軟硬體產品及系統整合產品。

中國有些企業需要從根本上改變現行管理戰略，有些企業不需要從根本上改變現行戰略，但是需要作出相應調整以適應未來的競爭。從戰略方面作出改變和提出建議時，必須非常謹慎，因爲這種戰略的改變涉及到你將遠離現在的產品和市場位置，從而到達一個新產品和市場位置。

這個時候你必須反覆考慮的一個問題是，是什麼東西促使你從現行行業和市場中退出並進入一個新的行業，新行業和舊行業的產業關聯度是怎樣的，從目前來講，你對新的行業是一個內行還是外行？你必須充分作出這樣的判斷，因爲企業從它現在的位置到你所希望的位置的變化是巨大的。

柳傳志領導聯想在向網際網路進軍的標誌性產品是巨大的。FM365網站的網上舉辦新聞發佈會，又一次成功地挑動起中國幾乎所有重要媒體記者的熱情。事實上在FM365正式發佈前，已經有與此相關的各種資訊「出爐」。聯想人做事向來是追求完美的，講求做就要做到最好。站式服務是聯想人最好的標準。FM365的特色是整合最齊全最實用的資訊，透過頁面制定，讓用戶不用四處搜尋，到此一站即可滿足需求、凝聚人氣、吸引網友的注意力是入口網站的三大「看家」本領。

柳傳志認爲，在入口網站上，網路用戶使用最多的功能之一就是瀏覽線上新聞。但是，所謂的線上新聞大都在「炒」傳統媒體的剩飯，網路新聞的潛力並沒有被眞正地挖掘出來，只是因爲網站本身採編能力的疲軟和國家關於網路新聞的限制性措施。所以，FM365從一開始就與中國近百家媒體達成合作協議。在協議的保證下，簽約媒體將向FM365網站定時傳送記者採寫的最新新聞；它還將與中國若干家有較強影響力的媒體建立深層次的合作，利用這些媒體已有的記者隊伍和遍佈全中國的記者資源，形成FM365網站在專題新聞的採寫、突發事件的跟蹤報導及新聞事件的深度報導上的特色。

聯想還選擇了收購與兼併的道路，目標是一些小規模的專業網站，這只是爲了加快發展速度。聯想有一個很大很大的夢想，這個夢想是聯想成爲中國網際網路的代名詞，就好像在ＰＣ上的作爲一樣。

有人認爲聯想的闖入將會對網際網路業界產生重大影響。聯想有豐富的經驗和很強的操作能力，加上大規模資金的投入，必將會成爲網際網路行業二〇〇〇年的一個大項目，會給整個行業帶來刺激。人們相信聯想向網路轉型是肯定能賺錢的，因爲聯想有一整套的規劃。

由此不難看出，FM365確實僅僅是聯想商業價值鏈裡的一個環節。搞網站僅是聯想跨入網路時代的序曲。它也許無法直接獲利，但它的作用是很大的，可以說是這條鏈爲至關重要的一環。對於聯想來說，其網路時代的核心業務是如何根據網友的要求，提供方便實用的網路接入設備，並在網路基礎建設上取得突破。

五〇〇強發展遠景

堅持「大聯想」的策略，互相信任，協同作戰，統一部署，嚴格管理，一同迎接新世紀的到來！

進入五〇〇強是柳傳志的宿願，關於這點，聯想人有著堅定的信念。目前世界五〇〇強的最後一名的營業額將近一百億美元，聯想目前只有二十多億美元，離五〇〇強還有很大差距。現在進入了網路時代，Internet的快速發展使IT行業產生了深刻的變化，產業結構在調整，整個行業的利潤中心也在轉移，爲此柳傳志等決策者根據市場的變化規劃未來的發展遠景。有以上這樣四點：

第一、聯想要逐漸從ＰＣ廠商轉化成一家以Internet為核心，提供Internet所需產品和服務的廠商。

二〇〇一年初，柳傳志拿出了聯想的Internet戰略，概括起來就是三個「三」：針對三類客戶群，提供三類產品，扮演三種角色。這三類客戶就是：家庭、企業和社會，也就是說要促進這三類客戶上網，充分享受網際網路給大家生活和工作所帶來的便利。

而要促進這種全社會性的Internet普及和資訊化進程，除了要進行各類促進大眾瞭解和使用的科學普及活動以外，更要使產品全面Internet化。一方面使原有的產品適應Internet時代的要求；另一方面，也要順應Internet潮流發展一些新的業務。因此按照這樣的發展思路將近期產品開發重點歸納爲三大類：

第一大類是接入產品或稱終端產品。它包括針對家庭的接入裝置，像天禧電腦就屬於這個領域的高階；一九九九年一月推進的「起居室電腦」，它是針對家庭低階接入網際網路的裝置；針對商業用途的，將有更加Internet化的辦公電腦和根據各行業不同使用需求而量身定做的行業應用電腦、針對移動辦公用戶的移動電腦。

第二大類叫局端產品。它是給網際網路提供動力的，像各類應用伺服器，如Web伺服器、資料庫伺服器、Mail伺服器等等，網路設備如路由器、交換機等，當然更重要的是爲像ＩＳＰ／ＩＣＰ和企業的Internet這類客戶提供完整的應用方案。

第三類是資訊服務內容，包括入口網站，如目前推出的FM365。

所以接入產品、局端產品和資訊服務就構成了聯想向Internet的完整產品線。如果聯想能夠切實將這些Internet的產品做好，那麼聯想將從一個單純的ＰＣ硬體供應商角色轉化爲Internet技術和產品供應商、Internet應用方案整合商和Internet資訊服務運營商「三合一」的Internet中堅力量廠商角色。這個轉化大概需要二、三年時間才能完成。即將推出的世紀電腦就是轉化的第一步，在產品中包含了很強的資訊服務內涵。以前提倡軟、硬體一體化，如今升級爲三位一體化，即軟體、硬體、資訊一體化的理念。

第二、聯想要做一家國際化的公司。

第一步是零件向海外銷售(主要是主板)，透過這個過程摸索出海外銷售的經驗和組織架構。第二步再做一些不含聯想品牌的系統，包括向大廠商提供ＯＥＭ生產，向中小型廠商提供名牌商品。第三步要在海外打出聯想自有產品。

第三、聯想是一家高科技企業，是一個有技術、並以技術為原動力的廠商的市場形象。

柳傳志的「貿、工、技」道路爲聯想帶來了很大的成功，「貿、工、技」代表了聯想層層遞進的發展道路，且並不說明重要性的排序。但聯想現在要做的是向技術驅動型的企業轉化，在廣度和深度上同時擴展。廣度擴展是聯想在桌上型電腦領域成功後，還要把筆記本、伺服器產品作好，向更高技術含量的產品領域去發展，包括針對大型行業的解決方案，使聯想爲中國資訊化建設起到關鍵作用。在深度上，聯想不僅只會做整機，還要步步逼近核心技術領域。透過廣度和深度來豎立聯想高科技企業的旗幟。

第四、聯想與代理夥伴的合作是永恆的。

柳傳志要使聯想與其代理榮辱與共，即使面對Internet的挑戰，聯想的文化、聯想負責任的態度、聯想的信譽都決不允許聯想放棄這麼多年同舟共濟的代理夥伴。聯想希望所有的代理都能成爲聯想而不是直銷的直銷隊伍，成爲一支從數量和質量上都最優秀的服務隊伍。因爲無論Internet怎麼發展，資訊產業怎麼發展變化，有兩點是不變的：一是廠商和客戶的關係永遠需要；二是廠商對客戶的服務不會變，包括上門安裝、培訓、諮詢、維護、升級。

「大聯想」要統一部署，說「大聯想」是一支榮辱與共的船隊，就得要有統一的部署，就得要有一定的紀律，這個部署就是從「大聯想」原則出發，按照產品類別，按照分銷、代理(重點面對大行業市場)以及經銷商(主要面對中小客戶的)，按照地域，幾維象限來規劃渠道，分工協作，減少競爭，嚴格控制批發，縮短銷售通路。

面向Internet，更重要的是要積極利用Internet的手段和平台建設「大聯想」運作體系，這其中包括如何建立高效的電子商務、物流、資訊流、資金流系統，如何利用Interne來提高運作效率。對於合作夥伴來說，就先要瞭解用戶基於Internet的需求變化，提高對客戶的增值服務能力。

柳傳志相信，只要我們繼續堅持「大聯想」的策略，嚴格管理，探索出適應Internet時代要求的具有競爭力的「大聯想」合作模式，聯想就將是一支勇往直前的船隊，一同迎接新世紀的到來！

New Way 07

聯想無限

作　　者　　汪洋、康毅仁
編輯主任　　林淑真
主　　編　　廖淑鈴
編　　輯　　柯佩君
內頁設計　　小題大作
出 版 者　　匡邦文化事業有限公司
聯絡地址　　116台北市羅斯福路四段200號9樓之15
E-Mail　　dragon.pc2001@msa.hinet.net
網　　址　　www.morning-star.com.tw
電　　話　　(02)29312270、(02)29312311
傳　　真　　(02)29306639
法律顧問　　甘龍強律師
初　　版　　2003年2月
總 經 銷　　知己實業股份有限公司
郵政劃撥　　15060393
台北公司　　106台北市羅斯福路二段79號4樓之9
電　　話　　(02) 23672044、(02) 23672047
傳　　真　　(02) 23635741
台中公司　　407 台中市工業區30路1號
電　　話　　(04) 23595819
傳　　真　　(04) 23595493
定　　價　　新台幣280元
Printed in Taiwan
如有破損或裝訂錯誤，請寄回本公司更換

國家圖書館出版品預行編目資料

聯想無限/汪洋、康毅仁著,
——初版,——台北市：匡邦文化,2003〔民92〕
面：　　公分——（New Way；07）
ISBN:957-455-370-1 （平裝）
1.聯想集團 2.電腦資訊業－中國大陸 3.企業管理
484.67　　92000165

讀　者　回　函　卡

您寶貴的意見是我們進步的原動力！

購買書名：聯想無限

姓　　名：

性　　別：□女　□男　　年齡：　　歲

聯絡地址：

E-Mail：

學　　歷：□國中以下 □高中 □專科學院 □大學 □研究所以上

職　　業：□學生　　　□教師　　□家庭主婦 □ SOHO 族
□服務業　　□製造業　□醫藥護理 □軍警
□資訊業　　□銷售業務□公務員　 □金融業
□大眾傳播　□自由業　□其他

從何處得知本書消息：□書店□報紙廣告□朋友介紹　□電台推薦
□ 雜誌廣告□廣播□其他

你喜歡的書籍類型（可複選）：□心理學 □哲學 □宗教 □流行趨勢
□醫學保健　□財經企管　□傳記
□文學　□散文　□小說　□兩性
□親子　□休閒旅遊　□勵志
□其他

您對本書的評價？（請填代號：1.非常滿意 2.滿意 3.普通 4.有待改進）

書名＿＿＿＿＿　封面設計＿＿＿＿　版面編排＿＿＿＿內容　＿＿＿＿　文／譯筆＿＿＿＿

讀完本書後，你覺得：

□很有收穫　□有收穫　□收穫不多　□沒收穫

你會介紹本書給你的朋友嗎？　□會　　□不會　　□沒意見

廣　告　回　信
台灣北區郵政管理局登記證
北 台 字 第 16079 號

116 台北市羅斯福路四段200號 9樓之15

匡邦文化事業有限公司 編輯部 收

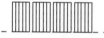

地址：______縣／市　______鄉／鎮／市／區______路／街
______段______巷______弄______號______樓